LES MICROBES

DES

EAUX MINÉRALES

DU

BASSIN DE VICHY

MORPHOLOGIE ET MENSURATION
DÉMONSTRATION EXPÉRIMENTALE DE LEUR INOCUITÉ
LEUR RAPPORT
AVEC LES MATIÈRES ORGANIQUES ET ORGANISÉES DES EAUX
DE VICHY

PAR

TH. ROMAN   **E. COLIN**

PHARMACIEN-MAJOR DE 1re CLASSE   PHARMACIEN-MAJOR DE 2me CLASSE

A L'HÔPITAL MILITAIRE THERMAL DE VICHY   A L'HÔPITAL MILITAIRE THERMAL

CHEVALIER DE LA LÉGION D'HONNEUR   DE VICHY

*Avec une planche glyptographique
reproduisant treize microphotographies
de colonies et microcoques*

PARIS

LIBRAIRIE J.-B. BAILLIÈRE ET FILS

Rue Hautefeuille, 19, près du boulevard Saint-Germain

1893

LES MICROBES

DES EAUX MINÉRALES

DU BASSIN DE VICHY

DES MÊMES AUTEURS

BACTÉRIOLOGIE
DES EAUX MINÉRALES DE VICHY
SAINT-YORRE, HAUTERIVE ET CUSSET

Gr. in-8°, IV-84 p., Paris, 1892

Ouvrage récompensé par l'Académie de Médecine

LES MICROBES

DES

EAUX MINÉRALES

DU

BASSIN DE VICHY

MORPHOLOGIE ET MENSURATION
DÉMONSTRATION EXPÉRIMENTALE DE LEUR INOCUITÉ
LEUR RAPPORT
AVEC LES MATIÈRES ORGANIQUES ET ORGANISÉES DES EAUX
DE VICHY

PAR

TH. ROMAN

PHARMACIEN-MAJOR DE 1re CLASSE

A L'HÔPITAL MILITAIRE THERMAL DE VICHY

CHEVALIER DE LA LÉGION D'HONNEUR

E. COLIN

PHARMACIEN-MAJOR DE 2me CLASSE

A L'HÔPITAL MILITAIRE THERMAL

DE VICHY

Avec une planche glyptographique
reproduisant treize microphotographies
de colonies et microcoques

PARIS

LIBRAIRIE J.-B. BAILLIÈRE ET FILS

Rue Hautefeuille, 19, près du boulevard Saint-Germain

1893

PRÉFACE

L'état actuel de la science ne permet malheureusement pas d'établir nettement le rôle que jouent dans les Eaux minérales de Vichy les microbes que l'on y rencontre en si grande abondance après quelques jours d'embouteillage; mais il est à supposer que l'extraordinaire prolifération de quelques-uns d'entre eux doit apporter dans la composition organique et minérale de l'eau récoltée pure à son griffon des modifications profondes.

Avant que les progrès de la Chimie biologique aient jeté quelque lumière sur les importantes fonctions des micro-organismes et nous aient fait connaître les composés nouveaux auxquels ils peuvent donner naissance, lorsqu'on les ensemence dans des milieux nourriciers tels que le sont les eaux alcalines du bassin de Vichy, il est utile de commencer par définir leurs formes, de fixer leurs dimensions, de voir enfin si dans la masse il n'en existe pas d'infectieux.

C'est là le but de ce nouveau mémoire. Les résultats obtenus sont, nous ne l'ignorons pas, au-dessous de la tâche entreprise; mais nous espérons que, malgré leur imperfection, ils pourront servir plus tard de points de repère dans les recherches que les moyens de diagnose d'une science dont les progrès s'affirment de jour en jour faciliteront encore.

Qu'il nous soit permis d'adresser à Monsieur le Professeur Cornil l'expression de notre profonde reconnaissance pour les conseils éclairés qu'il nous a donnés au début de ce travail et l'extrême bienveillance avec laquelle il a accueilli nos premières recherches.

Remercions aussi notre excellent camarade, le Docteur Loillier, dont la collaboration active et intelligente nous a été si précieuse dans la pratique de nos inoculations.

Nous remercions également Monsieur le Professeur Rietsch dont les conseils n'ont pas peu contribué à nous faire entreprendre l'étude bactériologique des eaux de Vichy.

Le résultat de nos travaux a paru au complet dans les *Annales de Médecine Thermale ;* nous exprimons ici à notre collègue et ami Mallat, leur Rédacteur en chef, toute notre reconnaissance.

Nous sommes heureux de constater que nos observations critiques sont dès maintenant prises en sérieuse considération dans la pratique.

Nous souhaitons bien vivement que toutes les améliorations désirables reçoivent satisfaction et augmentent, si c'est possible, la notoriété si méritée des Eaux Minérales les plus justement réputées de France.

Th. ROMAN.   E. COLIN.

INTRODUCTION

Dans notre mémoire *Bactériologie des Eaux Minérales de Vichy, Saint-Yorre, Hauterive et Cusset,* paru en 1892, nous nous sommes efforcés de mettre en lumière les causes de contaminations probables des Eaux minérales naturelles : 1º A leur griffon, par les infiltrations accidentelles et parfois normales de l'Allier ou des puits d'eau douce qui les avoisinent ; 2º Dans les vasques, par l'air et les poussières qui viennent y déposer leurs germes ; 3º dans le verre du buveur par l'eau du trop-plein ou l'eau douce servant à son lavage ; 4º dans les bouteilles, par le manque de soins apporté à leur nettoyage et leur rinçage imparfait à l'eau minérale avant les opérations du remplissage.

De très nombreuses numérations pratiquées sur les Eaux minérales, dont le prélèvement a toujours été fait dans les conditions d'asepsie les plus rigoureuses, nous ont autorisés à être affirmatifs sur certains points de détails se rapportant aux manœuvres de l'embouteillage et nous ne doutons pas que d'autres expériences ne viennent plus tard corroborer les résultats obtenus dans ces premières recherches.

Les températures des eaux à l'émergence, relevées de la façon la plus exacte à l'aide du thermomètre recuit de Baudin, divisé en cinquièmes de degré, en tenant compte de l'heure, de l'état de l'atmosphère, de la température extérieure et de la pression du lieu, ont présenté quelques différences avec celles publiées dans d'autres travaux ; ces écarts, généralement peu considérables, doivent être attribués surtout à la pression atmosphérique dont l'influence se fait sentir sur le débit des sources et par conséquent sur leur température.

Il est évident, en effet, que lorsque la pression atmosphérique diminue, l'eau restant moins de temps à franchir la distance qui sépare sa nappe naturelle de l'air extérieur, la température initiale est moins diminuée ; au contraire, si la pression augmente, l'eau retenue dans sa marche ascensionnelle, parcourt moins rapidement les couches supérieures du sol et s'y refroidit de plus en plus avant d'arriver à l'air libre.

Des observations suivies, faites à différentes époques de l'année et à des pressions variables, pourraient seules fixer d'une manière relative, le degré dont s'élève ou s'abaisse la température des sources, suivant la pression extérieure.

L'examen bactériologique des Eaux minérales doit non seulement indiquer la quantité de germes trouvés à l'émergence, mais encore éclairer sur la nature de ces germes et leurs fonctions probables. Cette étude, à peine ébauchée l'an dernier, fera l'objet de ce nouveau mémoire.

Nous examinerons principalement les micro-organismes que l'on rencontre le plus communément, soit dans les vasques, soit aux robinets des sources chaudes, tièdes et froides.

Les sources chaudes sur lesquelles nous avons opéré sont : la Grande-Grille et l'Hôpital, les plus connues et les plus justement renommées du Bassin de Vichy ; dans le groupe des sources tièdes, nous avons choisi Mesdames à la buvette, et Lardy ; parmi les sources froides enfin, nous avons donné la préférence aux Célestins et aux eaux de Saint-Yorre.

Qu'il nous soit permis de regretter pour la précision de nos recherches, que la Compagnie Fermière de l'Etablissement thermal de Vichy n'ait pas cru devoir nous renouveler, en temps utile, l'autorisation qu'elle nous avait gracieusement donnée l'an dernier, d'aller nous-mêmes au griffon des sources effectuer nos puisements. Ce retard dû sans doute à des lenteurs administratives, à moins toutefois qu'il n'ait pour cause notre critique sincère et justifiée de la façon dont on pratique l'embouteillage des Eaux minérales, n'a pas entravé nos expériences, mais nous sommes surpris de voir une Compagnie Fermière de l'Etat accorder si peu de bienveillance à des recherches qui devraient l'intéresser plus encore que le consommateur.

LES MICROBES

DES EAUX MINÉRALES NATURELLES

DU BASSIN DE VICHY

CONSIDÉRATIONS GÉNÉRALES SUR LES MICROBES DES EAUX DE VICHY

Les Eaux minérales du Bassin de Vichy étant, comme nous l'avons établi, des plus favorables au développement rapide des germes qui viennent les souiller à leur point d'émergence, on doit s'attendre à y rencontrer la plupart des micro-organismes contenus dans l'air et les poussières avec lesquels elles sont forcément en contact à leur arrivée à l'air libre.

Nous avons pu constater par de nombreux essais l'impossibilité presque absolue de retrouver d'un jour à l'autre, dans une eau de même origine, les mêmes micro-organismes. Tel examen, en effet, pratiqué aujourd'hui sur l'eau d'une vasque, de la Grande-Grille par exemple, ne donnera que des colonies à microcoques, tandis que le lendemain et les jours suivants, l'eau recueillie dans des conditions identiques fournira surtout des colonies bacillaires avec absence presque complète d'autres éléments.

Cette constatation, si elle rend les recherches plus difficiles, confirme du moins nos hypothèses relatives à l'ensemencement des vasques par l'air et détruit complètement, à notre avis, la théorie des microbes d'origine, défendue encore par quelques auteurs.

Nous avions, l'année dernière, formulé cette opinion d'une façon moins affirmative qu'aujourd'hui, quoique l'expérience qui nous y eût conduits fut des plus concluantes. Un jour où nous avions prélevé, pour des ensemencements, de l'eau à la vasque de la Grande-Grille, nous avions à la même heure exposé quelques secondes à l'atmosphère poussiéreuse de la galerie des sources, des godets contenant de la gélatine stérilisée, préparée avec l'Eau de la Grande-Grille comme seul excipient. Deux à trois jours après, nous obtenions sur ce dernier milieu des colonies semblables à celles produites dans la gélatine peptonisée par ensemencement de l'eau de la vasque.

Etudier les germes qui progressent dans les Eaux minérales de Vichy reviendrait donc à rechercher les espèces de l'air capables de vivre dans un milieu aussi essentiellement alcalin. On s'explique naturellement que leur prolifération doive être plus rapide encore, lorsque ces mêmes germes, qui ont déjà fécondé dans l'eau douce ou qui s'y trouvent à un état de désagrégation plus complet que dans l'air, rencontreront l'eau minérale à son griffon ou dans sa cheminée naturelle, comme cela peut se produire dans le cas d'infiltrations des sources par les eaux douces avoisinantes.

Le *bacillus mesentericus vulgatus* si répandu dans l'eau, a quelquefois été trouvé dans la vasque de la Grande-Grille et très rarement à la Source de l'Hôpital ; mais les Célestins, voisins de l'Allier, le renferment toujours et sa présence constante aux robinets de la buvette et de l'embouteillage ne peut s'expliquer que par une infiltration accidentelle ou normale de ces sources, par l'eau de la rivière qui les avoisine, ou celle du sous-sol.

Il serait certainement intéressant de voir si les microbes pathogènes de Koch et d'Eberth, pour ne citer que les plus connus, ne trouveraient pas, dans les eaux thermales pures à l'émergence, un milieu propre à leur développement et à leur prolifération. Mais notre travail ne comportant pas de semblables essais, nous ne nous occuperons que des espèces communes que l'on trouve couramment dans l'eau des vasques et des robinets, sans chercher à déterminer les cas de réceptivité que les Eaux minérales de Vichy peuvent présenter aux microbes infectieux.

ANALYSE QUANTITATIVE ET QUALITATIVE. CONCLUSIONS QU'ON PEUT EN TIRER.

L'analyse quantitative des germes nous a permis de fixer la valeur microbienne des Eaux minérales du Bassin de Vichy, dans les manipulations diverses qu'elles subissent avant d'être consommées sur place ou loin des sources, indépendamment de la nature des micro-organismes qu'elles renferment.

Nous ferons observer à ce sujet que, généralement, on est tenté de n'attribuer qu'une importance secondaire à la quantité de germes existant dans une eau, lorsque l'examen qualitatif n'a pas révélé dans leur nombre de bacilles infectieux.

Si une semblable opinion peut à la rigueur être admise pour les eaux douces dont on recherche avant tout la fraîcheur, la limpidité et l'absence d'odeur ou de saveur désagréables, elle est inapplicable, croyons-nous, aux Eaux minérales de Vichy qui demandent pour agir, une pureté absolue.

Nous pensons que tout élément organique ou organisé, quel qu'il soit, ne préexistant pas dans une eau minérale naturelle pure, c'est-à-dire sortant bien captée des profondeurs de la terre, doit, lorsqu'il vient à la souiller et à s'y développer, détruire l'harmonie de ses éléments essentiels et modifier ou annihiler les qualités vivantes qu'elle possède à sa source. Tel est le cas probable de toutes les eaux de Vichy embouteillées, qui perdent après très peu de temps, les vertus curatives qu'elles ont au griffon. Ces altérations ne peuvent être décelées que par l'analyse bactériologique qui les constate, en attendant qu'elle les explique. L'analyse chimique si éminemment propre à déterminer le degré d'alcalinité de l'eau minérale et à fixer la proportion réelle des éléments simples entrant dans la composition des sels qu'elle tient en dissolution, est impuissante à nous renseigner d'une façon absolue sur le groupement de ces éléments et ses conclusions à cet égard sont purement hypothétiques.

Selon nous, l'analyse quantitative des germes est le guide le plus sûr, nous pourrions ajouter le seul à employer, pour vérifier le bon captage des sources minéralisées et s'assurer qu'il n'existe aucune infiltration d'eau douce, soit au griffon par suite d'un barrage imparfait, soit dans la cheminée ascensionnelle par le fait de rupture ou d'accidents arrivés au tube de captage. De plus, elle permet de se rendre compte de certaines défectuosités de construction passées jusqu'à ce jour inaperçues, telles que l'emploi de vasques trop étendues où les eaux bouillonnant à l'air libre, s'ensemencent proportionnellement aux diamètres et peut-être aux surfaces de ces réservoirs.

L'analyse quantitative nous a montré enfin que la canalisation, à laquelle on attribue trop souvent l'impureté de certaines eaux minérales embouteillées, est sans action sur leur teneur microbienne, lorsqu'il n'existe entre la Source et le robinet d'emboueillage aucune communication avec l'air extérieur. Si une vasque, au contraire, est placée au point d'émergence de la source, les germes de l'air ou des poussières qui se déposent à la surface, gagnent le fond de ce réceptacle et pénètrent jusqu'à la conduite greffée en haut du tube ascensionnel. Arrivés à cet endroit, ils suivent le courant d'eau minérale et la fécondation des germes est d'autant plus active que le séjour de l'eau dans les tuyaux est plus prolongé.

L'analyse qualitative décrit l'aspect, la couleur et les dimensions des colonies obtenues par l'ensemencement de l'Eau minérale dans un milieu solide approprié. Elle examine ensuite le contenu de ces colonies, précise le genre auquel appartiennent les micro-organismes qui les composent, étudie leurs formes, leur mobilité et pratique leur mensuration exacte, afin d'arriver à leur classification ; son but final est de définir leurs fonctions. Cette analyse est, on le comprend, des plus délicates et des plus laborieuses.

Comment choisir, en effet, parmi les colonies d'aspects si divers que donne le même micro-organisme, la colonie type à décrire ? Comment retrouver dans les cultures pures, la forme du microbe primitivement observée dans la colonie, avec le polymorphisme qu'il affecte généralement lorsqu'on le cultive isolément sur des milieux solides variés.

Malgré tous les soins apportés à l'examen des germes et à leur description, la plus grande incertitude régnera longtemps encore sur leurs fonctions chimiques et leur rôle dans l'économie.

Dans les Eaux minérales de Vichy en particulier, les points d'interrogation déjà posés subsisteront tout entiers.

Quelles sont les causes de vitalité et de prolifération des germes dans les eaux minérales embouteillées ?

Quelles modifications profondes leur développement rapide introduit-il dans la composition élémentaire des eaux sortant des profondeurs de la terre ?

Quelle est leur influence sur la valeur thérapeutique reconnue que les eaux possèdent à la Source ?

Enfin, considérés isolément, leur introduction dans l'organisme présente-t-elle des dangers ?

L'analyse chimique a constaté que la composition saline des

Eaux minérales de Vichy varie peu, même après un temps très long d'embouteillage ; mais la pratique médicale reconnaît que les propriétés curatives des eaux disparaissent à peu près complètement lorsqu'elles sont consommées loin des sources. Aussi nous paraît-il rationnel d'admettre la présence dans l'eau minérale prise à sa source, d'un élément thérapeutique distinct des sels qu'elle tient en dissolution ?

Si nous considérons, en effet, la similitude de composition saline que présentent les eaux minérales du bassin de Vichy, nous trouvons que leur action thérapeutique est différente et qu'elle est plus grande dans les eaux chaudes que dans les eaux froides.

La température des eaux à l'émergence semblerait donc le seul facteur réel de l'efficacité des eaux minérales, et il suffirait alors pour rendre les eaux tièdes ou froides plus actives, de les chauffer mécaniquement. Or, l'on sait que les appareils employés à cet usage pour la consommation des eaux loin des sources, n'ont donné aucun résultat sérieux.

D'autre part, si la composition chimique des éaux minérales reste constante après l'embouteillage, l'analyse bactériologique révèle, au contraire, une quantité de germes proportionnelle à la température initiale de la Source, et leur prolifération paraît coïncider précisément avec la perte de la valeur thérapeutique des eaux dans lesquelles ils se développent.

Or, les micro-organismes ne peuvent vivre qu'aux dépens d'une matière d'origine organique. Si donc, leur développement est plus abondant dans les eaux chaudes que dans les eaux froides, c'est que la proportion de matière organique est elle-même plus élevée dans les eaux thermales.

Nous admettrons donc que toutes les eaux minérales du bassin de Vichy renferment, à l'état de dissolution, une matière organique indéterminée dont la solubilité décroît avec la température des eaux à l'émergence.

Les micro-organismes vivant à ses dépens, sa destruction plus ou moins rapide serait la raison puissante à invoquer de la perte des propriétés curatives des eaux consommées loin des sources.

Cette hypothèse n'est pas une simple vue de l'esprit, car l'analyse chimique a, elle-même, reconnu dans les eaux thermales pures, la présence d'une matière organique dont elle n'a pu cependant fixer la nature.

Cette matière constituerait, d'après nous, l'élément thérapeutique le plus important des eaux minérales de Vichy.

Là serait le secret de la plus grande activité des eaux chaudes à la source ; et le mystère qui enveloppe la disparition de leurs effets thérapeutiques loin de Vichy serait lui-même expliqué, en même temps que la prolifération des germes dans les eaux embouteillées.

Nous avons lieu d'espérer que ces germes sont d'une inocuité parfaite; néanmoins des inoculations faites sur les animaux avec les cultures pures des micro-organismes trouvés dans les eaux de Vichy nous éclaireront complètement à cet égard.

TECHNIQUE GÉNÉRALE

La Compagnie Fermière de l'Etat ne nous ayant pas accordé l'autorisation de faire nous-mêmes les prélèvements aux griffons des sources, nous avons dû nous conformer aux usages consacrés à Vichy qui autorisent les habitants de cette localité à envoyer à la vasque remplir des carafes par la donneuse d'eau.

L'examen des microbes étant purement qualitatif, cette mesure n'a pas arrêté nos recherches, mais les conditions dans lesquelles se fait la puisée n'en sont pas moins défectueuses pour l'étude des germes du bouillon à l'exclusion de ceux de la vasque et du trop-plein.

Le prélèvement a été fait dans des carafes stérilisées que nous avons remplacées plus tard par des flacons de 250 à 300^{cc} de capacité dont le nettoyage et la stérilisation sont plus facilement obtenus.

Chaque jour, un homme de notre service va à l'une des sources aux heures de distribution, avec un flacon bouché à la ouate et encore entouré du papier à filtrer qui a servi à l'envelopper pendant sa stérilisation.

Après son remplissage, il substitue au tampon d'ouate un bouchon de liège stérilisé suspendu au goulot par une ficelle et rapporte aussitôt le récipient au laboratoire où a lieu l'ensemencement.

L'eau minérale est immédiatement distribuée dans des boîtes de Pétri, à la dose de 1^{cc} d'eau que l'on mélange à 5 ou 6^{cc} de gélatine peptonisée stérilisée.

Les boîtes sont alors placées dans des chambres humides disposées sur une table du laboratoire, dont la température est maintenue constante entre 20° et 25°.

Examen des Colonies. — Chaque ensemencement d'eau minérale dans la gélatine peptonisée est suivi de l'examen des colonies. Après 48 heures de culture, la plupart d'entre elles sont visibles à l'œil nu ; on note leur couleur, leur transparence, leur fluorescence et leur fluidification, puis on porte la boîte qui les renferme sur la platine du microscope.

A un faible grossissement, 28 à 30 D, on étudie leur forme, leur coloration, les particularités qu'elles peuvent offrir à leur surface ou dans leurs contours et on en pratique la mensuration.

Cette étude préliminaire achevée, les boîtes retournent dans les chambres humides où elles restent jusqu'au lendemain, pour être l'objet d'un nouvel examen.

Il faut avoir soin dans ces manipulations de tenir constamment les godets fermés, afin d'empêcher autant que possible l'introduction de nouveaux germes par l'air.

Après 72 heures d'ensemencement, la surface des colonies sèches a presque doublé ; d'autres qui n'avaient pas paru liquéfiantes à 48 heures, soit qu'elles fussent placées à l'intérieur de la gélatine, soit que la liquéfaction fut ralentie par la nature même des germes qui la composent, le deviennent ou creusent la gélatine en produisant autour de l'îlot un godet plus ou moins large.

En suivant ainsi, d'un jour à l'autre, le développement des colonies dans la gélatine, on se rend compte des formes successives et des changements d'aspect qu'elles peuvent présenter, depuis le moment de leur apparition jusqu'à celui de leur altération trop profonde pour en continuer avec fruit l'observation.

Afin d'éviter les confusions qui se produiraient dans l'étude descriptive des colonies, on trace autour d'elles et sur la paroi extérieure du godet un petit cercle à l'encre noire à côté duquel on inscrit un numéro d'ordre que conserve la colonie et sous lequel elle sera décrite.

Si les détails de sa surface sont suffisants pour lui donner un aspect caractéristique, on en fait la photographie. Dans ce cas, il est bon d'en tirer plusieurs épreuves, car le temps de pose que l'on ne peut déterminer que par tâtonnements, varie nécessairement avec la transparence de la colonie et la netteté de ses contours.

Nous avons pu reproduire assez heureusement, à l'aide d'un appareil microphotographique de Nachet, une douzaine de colonies, à des grossissements variant entre 22 et 35 D, ainsi que des microbes à un grossissement de 320 D. Les colonies que l'on trouve dans les eaux minérales à l'émergence sont, nous l'avons dit, essentiellement variables. Comme les résultats de ces études le prouveront, il n'existe pas dans les eaux minérales naturelles de colonies d'origine, toutes proviennent de l'air ou d'infiltrations accidentelles.

Examen des germes. — Les eaux minérales du Bassin de Vichy constituant par elles-mêmes, c'est-à-dire sans addition d'aucune autre substance, un milieu essentiellement propre au développement des germes qui viennent les souiller, soit à leur griffon, soit dans les vasques, soit aux robinets des buvettes ou de l'embouteillage, il suffira pour avoir en grand nombre les espèces qui peuvent y vivre, de laisser reposer l'eau minérale quelques heures dans le récipient stérilisé qui a servi à son prélèvement. Nous avons vu qu'après 48 heures d'embouteillage, une goutte ou deux des Sources chaudes de la Grande-Grille et de l'Hôpital donnent, après 36 heures seulement d'ensemencement, une quantité de colonies telle que toute numération devient impossible. Si donc l'on tient compte de la raison géométrique de leur progression dans les eaux embouteillées, on peut arriver approximativement à déterminer l'heure à laquelle on devra faire l'ensemencement de l'eau dans la gélatine, pour obtenir sur ce milieu un chiffre de colonies suffisant à l'étude complète de tous les micro-organismes que l'eau minérale renfermait au moment et au jour de son prélèvement.

Les colonies décrites, on passe à l'examen des germes qu'elles contiennent.

A cet effet, on ouvre le godet et avec l'extrémité d'un fil de platine stérilisé, on détache une parcelle de colonie que l'on porte aussitôt sur une lame porte-objet où l'on a déposé une goutte de solution de bleu de méthylène, qui sert à la dilution en même temps qu'à la coloration des germes. On recouvre d'une lamelle et on examine aussitôt la préparation à l'objectif à immersion.

On note la forme, la mobilité du micro-organisme, et on en

fait le plus exactement possible la mensuration. Les résultats sont consignés sur le dossier de la colonie qui lui correspond.

Le prélèvement avec le fil de platine permet de voir si la colonie est située en surface ou en profondeur dans la gélatine et donne des indications sur sa consistance.

Culture. — L'étude du micro-organisme terminée, on procède aussitôt à son ensemencement sur milieux solides.

Ceux que nous avons employés sont : la gélatine peptonisée, la gélose glycérinée, la pomme de terre et le blanc d'œuf stérilisés.

On dispose à l'avance sur des supports en bois, des séries de tubes de culture munis à leur partie supérieure de petites bandes de papier collé sur lesquelles on inscrit, au moment des inoculations, le numéro d'ordre de la colonie avec le jour de l'ensemencement.

Ces tubes, au nombre de six, renferment la gélatine oblique et droite, la gélose oblique et droite, le blanc d'œuf et la pomme de terre.

Avec le fil de platine que l'on flambe avant chaque inoculation, on ensemence le plus rapidement possible ces différents milieux, en stries pour les milieux obliques, la pomme de terre et le blanc d'œuf, et en profondeur pour les autres.

Les tubes dont la partie supérieure a été flambée avant et après l'ensemencement et que l'on a eu soin de tenir renversés pendant l'opération afin d'empêcher la chute des germes de l'air, sont enfermés dans une armoire à l'abri des courants d'air et des poussières atmosphériques.

MILIEUX DE CULTURE

Avant d'aborder l'étude descriptive des colonies et la morphologie de leurs micro-organismes, nous avons jugé utile, pour la précision et le contrôle de nos résultats, d'entrer dans quelques détails sur la préparation des milieux de culture employés et de définir nettement les bases que nous avons prises pour le calcul du grossissement de nos microscopes ainsi que pour l'établissement des valeurs micrométriques correspondant aux différents jeux de lentilles qui ont servi à nos mensurations.

Gélatine nutritive. — On la prépare de la façon suivante :

500 grammes de viande musculaire, hachée, débarrassée de la graisse et des aponévroses, sont mis à macérer 24 heures avec 1 litre d'eau distillée. On passe sans expression à travers un linge

mouillé et, s'il est besoin, on complète le volume du litre avec l'eau du lavage de la viande exprimée. On filtre au papier et on ajoute au liquide clair que l'on a versé dans une capsule en porcelaine de 2 litres de capacité :

150 grammes de gélatine parfaitement blanche ;

10 — de peptone bien sèche ;

5 — de sel marin purifié ;

0.05 — de phosphate neutre de soude.

On chauffe à feu nu en remuant constamment, de façon à empêcher la gélatine de brûler au fond ou sur les bords de la capsule, et l'on ajoute de la solution de soude caustique au 1 5 jusqu'à légère alcalinité du bouillon. On fait alors bouillir 10 minutes, puis on projette dans la masse 2 blancs d'œufs battus dans 50 grammes environ d'eau distillée ; après une nouvelle ébullition de quelques minutes, on filtre à chaud dans un entonnoir à doubles parois. Le liquide filtré, limpide, est reçu dans des flacons stérilisés d'où il est immédiatement réparti dans des tubes de culture également stérilisés.

La quantité de 15 pour 100 de gélatine nous a paru indispensable pour avoir un bouillon qui reste solide à la température de 25° surtout lorsqu'on ensemence, comme nous l'avons fait pour toutes les eaux minérales examinées, 1ᶜᶜ d'eau dans 6ᶜᶜ de gélatine.

Nous recommandons d'employer le sel marin purifié à l'exclusion du sel de cuisine ordinaire. Certains sels du commerce contiennent en effet d'assez fortes proportions de sels de magnésie dont la précipitation n'est pas complète pendant l'ébullition du bouillon et qui le troublent après son passage à l'autoclave. Il est probable qu'à la température de 125° la dissociation des sels de magnésie en présence de la soude en léger excès se fait alors plus facilement qu'à 100°. L'emploi du sel purifié évite donc une nouvelle filtration et une seconde stérilisation.

La gélatine peptonisée sert surtout aux ensemencements de l'eau minérale ; les cultures sur ce milieu permettent de différencier les germes par leurs propriétés liquéfiantes.

Gélose nutritive. — A été préparée suivant le procédé indiqué par E. Macé, avec de très légères modifications dans le mode opératoire.

10 grammes de gélose coupée en petits morceaux sont mis à macérer 24 heures dans 500 grammes d'eau distillée additionnée de 6 pour 100 d'acide chlorhydrique pur.

On jette le tout sur un entonnoir en verre dont la douille est fermée par un petit tampon d'éponge. Après écoulement du liquide acide, on lave sur l'entonnoir même, par affusions répétées d'eau froide, jusqu'à ce que le liquide de lavage ne présente plus de réaction acide.

On ferme alors la douille de l'entonnoir avec un petit bouchon de liège et l'on verse sur la gélose 500 grammes d'eau distillée additionnée de 5 pour 100 d'ammoniaque. Après une nouvelle macération de 24 heures, on enlève le bouchon et lorsque le liquide alcalin s'est écoulé, on lave une ou deux fois à l'eau distillée.

On chauffe ensuite 450 grammes d'eau à laquelle on ajoute une solution de 10 grammes de peptone dans 50 grammes d'eau distillée additionnée de 5 grammes de glycérine. Lorsque le liquide bout, on ajoute de la solution de soude jusqu'à légère alcalinité, puis on jette dans la liqueur la gélose humide qui s'y dissout en quelques minutes ; les traces d'ammoniaque qu'elle pouvait renfermer se volatilisent pendant cette opération.

On filtre suivant le mode opératoire employé pour la gélatine peptonisée et on répartit dans les tubes de culture que l'on passe ensuite à l'autoclave.

La gélose fournit peu de caractères au sujet de la fluidification, mais elle donne quelques colonies chromogènes, ou des matières colorantes qui diffusent dans sa masse sans la troubler.

Pommes de terre. — On choisit la variété dite de Hollande. Après avoir lavé les pommes de terre à l'eau distillée, on les plonge quelque temps dans une solution de sublimé à 2 pour 1000 et on les laisse sécher. A l'aide d'un couteau dont on a flambé la lame, on abat quatre côtés de façon à avoir un cube que l'on divise ensuite en parallélipipèdes de 5 centimètres de hauteur et de 1 centimètre de côté ; l'épaisseur doit en être de 10 millimètres afin de pouvoir les introduire facilement dans les tubes de Roux. Ces tubes stérilisés à l'avance sont portés avec leur contenu à l'autoclave où ils sont maintenus 15 minutes au moins à la température de 125°.

La pomme de terre est un milieu de culture très employé ; les cultures chromogènes, qu'elle fournit avec divers micro-organismes, donnent des points de repère précieux pour différencier les germes au point de vue de l'espèce.

Blanc d'œuf. — On recueille le plus proprement possible, dans une capsule en porcelaine stérilisée, les blancs d'œuf que l'on distribue ensuite dans des tubes à culture stérilisés jusqu'au tiers environ de leur hauteur.

On les plonge alors, jusqu'à coagulation complète, dans une solution saturée et bouillante de sel marin dont la température est environ de 109°. Pendant la durée de l'immersion, il faut avoir soin d'incliner fortement les tubes afin d'obtenir une surface oblique suffisante pour les inoculations en stries.

Le blanc d'œuf coagulé donne des cultures blanches, jaunes, ou rosées, mais ces différences de teintes sont si subtiles que leurs caractères apportent peu d'éléments nouveaux à la détermination des espèces.

MENSURATIONS ET GROSSISSEMENTS

Les microscopes sont accompagnés de tables de grossissements calculées d'une façon générale et non pour chaque instrument, aussi tout opérateur doit-il, pour plus d'exactitude, établir lui-même ses tables, au moins pour les combinaisons de lentilles lui servant habituellement.

Mensuration. — On se sert pour cette opération d'un micromètre objectif, consistant en une règle divisée sur verre, dont les divisions sont des centièmes de millimètre et d'un micromètre oculaire dont les divisions sont des dixièmes de millimètre ; on regarde combien de divisions du micromètre oculaire recouvrent de divisions du micromètre objectif.

Si par exemple, 10 divisions du micromètre oculaire recouvrent exactement 4 divisions du micromètre objectif, on a :

$$10\ d = 40\ \mu.$$

ou :

$$d = 4\ \mu.$$

Si nous remplaçons le micromètre objectif par une préparation quelconque contenant l'objet à mesurer, nous noterons combien de divisions ou fractions de divisions recouvrent exactement l'objet et nous aurons ainsi sa mesure, puisque la valeur de chaque division nous est connue.

Il faut, bien entendu, placer les divisions du micromètre oculaire perpendiculaires à l'axe principal ou grand axe de l'objet pour les mesures de longueur et parallèles à ce même axe pour les mesures de largeur.

Si nous désignons par :

n le nombre des divisions du micromètre oculaire,

n' le nombre des divisions du micromètre objectif,

nous aurons d'une façon générale :

$$nd = 10 \, n'$$

d'où :

$$d = 10 \, \frac{n'}{n}$$

valeur exprimée en μ ; rapportée au millimètre elle deviendra :

$$d = \frac{n'}{100 \, n}$$

Cette opération faite successivement avec le tube tiré et non tiré, donnera une fois pour toutes et pour chaque objectif la valeur d'une division du micromètre oculaire ; ces résultats seront soigneusement notés.

Les micromètres oculaires sont fixes ou mobiles ; le micromètre oculaire mobile peut servir avec n'importe quel oculaire car l'image réelle renversée que donne l'objectif, très près du foyer principal de la loupe supérieure de l'oculaire, recouvrira toujours le même nombre de divisions du micromètre oculaire, quelque soit le grossissement de l'oculaire, puisque les divisions du micromètre seront grossies par la loupe oculaire dans la même proportion que l'image réelle ; on choisira donc, suivant le cas, l'oculaire qui sera le plus commode pour l'observation.

Les constructeurs établissent la lentille inférieure de chaque oculaire de façon à ce que, par sa position et son grossissement, elle soit un facteur constant du grossissement total de l'objectif.

L'opération que nous venons de décrire va nous permettre de calculer très facilement le grossissement de l'objectif.

Grossissement de l'objectif. — Dans tout examen microscopique, l'objet à voir est placé au-delà et très près du foyer principal de l'objectif qui en donne une image réelle renversée se formant entre les deux lentilles plan-convexes de l'oculaire au point où se trouve le diaphragme qui limite le champ et supporte, s'il y a lieu, le micromètre oculaire. Ce point est un peu au-dessus et très près du foyer principal de la lentille supérieure de l'oculaire, afin que cette dernière puisse former à son tour une image virtuelle droite de l'image réelle.

Le grossissement de l'objectif est le rapport qui existe entre la grandeur de l'image réelle renversée et la grandeur réelle de l'objet.

Pour calculer cette valeur, répétons l'opération qui nous a servi pour la mensuration. Si comme dans ce cas, 10 divisions du micromètre oculaire recouvrent exactement 4 divisions du micromètre objectif, la grandeur en millimètres de l'image sera :

$$10 \times 0,1 = 1$$

La grandeur en millimètres de l'objet sera :

$$4 \times 0,01 = 0,04$$

Le grossissement sera donc :

$$\frac{1}{0,04} = \frac{100}{4} = 25$$

Si nous désignons par :

g' le grossissement en diamètre de l'objectif ;

n le nombre de divisions du micromètre oculaire ;

n' le nombre de divisions du micromètre objectif ;

on a d'une façon générale :

Grandeur de l'image réelle : $\quad n \times 0,1$

id. l'objet . . . . $\quad n' \times 0,01$

et par suite :

$$g' = 10 \, \frac{n}{n'}$$

On peut transformer cette équation en multipliant les deux termes par :

$$\frac{n'}{100 \, ng'}$$

et on a :

$$\frac{n'}{100 \, n} = \frac{1}{10 \, g'}$$

Le premier terme de cette équation est précisément égal à la valeur exprimée en millimètres d'une division du micromètre oculaire ; il suffira donc, connaissant le grossissement d'un objectif, de diviser l'unité par ce grossissement multiplié par 10 pour avoir la valeur d'une division du micromètre oculaire servant aux mensurations.

Dans l'exemple que nous avons choisi :

$$\frac{1}{10 \, g'} \quad \text{sera} \quad \frac{1}{250}$$

Soit 0,004 ou 4 µ.

On est convenu d'appeler valeur micrométrique l'expression :

$$\frac{1}{10}\,\frac{1}{g'}$$

Quand on doit chercher les grossissements des objectifs faibles, il est plus commode de remplacer le micromètre objectif par un micromètre oculaire mobile. Nous avons opéré ainsi pour l'objectif n° 3.

Dans ce cas, il ne faut pas oublier que les divisions de ce micromètre étant des dixièmes de millimètre la formule de mensuration devient :

$$d = \frac{n'}{n}$$

valeur exprimée en μ ;
et celle du grossissement de l'objectif :

$$g' = \frac{n}{n'}$$

Chaque objectif donnera deux grossissements différents, suivant que le tube est tiré ou non tiré ; il est indispensable de calculer chacun d'eux.

Grossissement de l'oculaire. — Le grossissement de l'oculaire est le rapport qui existe entre l'image virtuelle produite par la lentille supérieure de l'oculaire et l'image réelle renversée produite par l'objectif.

Pour le calculer, on opère de la façon suivante : l'oculaire muni de son micromètre divisé en dixièmes de millimètre est mis en place ; on note le numéro de l'objectif et on fait la mise au point au moyen d'un test-objet, on ajoute alors à l'oculaire la chambre claire et on regarde les divisions du micromètre. Ces divisions grossies sont projetées par la chambre claire à une distance qui varie avec celle de la vue distincte et sont visibles dans des limites assez étendues, aussi faut-il choisir un niveau invariable pour la concordance des grossissements ; on prend habituellement le niveau de la platine qui est sensiblement celui de l'image virtuelle et se trouve toujours dans les limites de la vision. On place en ce point une tablette quelconque munie d'un papier sur lequel on trace au crayon une ligne droite perpendiculaire aux divisions du micromètre projeté et au moyen d'un compas on mesure l'écartement de 10 ou 20 divisions. Si on trouve je suppose que

20 divisions = 30 millimètres

c'est que 2 millimètres grossis font 30 millimètres ;
d'où l'on déduit:

$$\frac{30}{2} = 15$$

valeur du grossissement de l'oculaire.

Si nous désignons par :

g le grossissement en diamètre de l'oculaire,

n le nombre de divisions du micromètre,

n'' la mesure en millimètre de l'image virtuelle de ces divisions,

on aura d'une façon générale :

$$g = \frac{n''}{0,1\ n} = 10\ \frac{n''}{n}.$$

L'opération indiquée doit être faite avec chaque oculaire combiné avec les différents objectifs et avec le tube tiré et non tiré.

Grossissement total. — On l'obtient souvent en projetant au moyen de la chambre claire les divisions grossies du micromètre oculaire ; la façon d'opérer est analogue à celle qui nous a servi pour calculer le grossissement de l'oculaire.

Des définitions qui précèdent, il ressort d'une façon évidente que le grossissement total G est égal au grossissement de l'objectif multiplié par celui de l'oculaire :

$$G = gg'$$

Le grossissement total en diamètre est en effet le rapport entre la grandeur absolue de l'image virtuelle et la grandeur réelle de l'objet, soit :

$$\frac{n''}{0,01\ n}, \text{ ou } 100\ \frac{n''}{n},$$

valeur qui est bien égale à gg'.

Les grossissements calculés comme nous l'avons dit sont sensiblement les mêmes pour les myopes et les presbytes quoique, d'après la distance de leur vision distincte, les myopes doivent avoir la sensation d'un grossissement plus faible que celui d'une vue normale et les presbytes celle d'un grossissement constamment plus fort.

La mesure du grossissement total vrai est moins précise que celle du grossissement de l'objectif, et cela provient de la difficulté que nous avons signalée au sujet du grossissement de l'oculaire.

La mensuration dépendant exclusivement du grossissement de l'objectif offre un caractère absolu pour le même opérateur.

Nous avons employé pour nos recherches les microscopes Nachet et Leitz et avons nous-mêmes calculé les tables qui nous ont servi pour les mensurations et grossissements.

L'unité de mesure pour le microscope étant le millimètre, nous l'adopterons dans les mensurations qui vont suivre et uniquement pour les dimensions des colonies, le μ restant la seule expression réservée à la mesure des micro-organismes.

INOCULATIONS AUX ANIMAUX

Afin de nous assurer de l'inocuité complète des germes que l'on rencontre le plus habituellement dans les eaux minérales du Bassin de Vichy, nous avons jugé indispensable de faire sur des lapins des inoculations avec les cultures pures obtenues sur différents milieux.

Désireux, pour ces expériences, de nous entourer de toutes les garanties relatives au mode opératoire, nous avons prié M. le Docteur Loillier, médecin-major de 1re classe à l'Hôpital Militaire Thermal, de vouloir bien pratiquer lui-même les inoculations.

Nous avons choisi, parmi les microbes étudiés, les mieux caractérisés par leurs cultures et de préférence les éléments bacillaires ou ceux qui s'en rapprochent le plus par leur forme.

Les cultures qui ont servi aux inoculations ont été prises sur la gélose glycérinée ; elles proviennent de dix micro-organismes trouvés par ensemencement dans la gélatine peptonisée des eaux minérales chaudes, tièdes et froides, dont le prélèvement a été opéré à la vasque ou au robinet des Sources.

Les inoculations, pratiquées avec le plus grand soin par le Docteur Loillier, ont été faites pour chaque culture sur deux sujets et de deux façons : l'une par voie intrapéritonéale, l'autre par voie intraveineuse.

Dans la première opération, on coupe les poils de manière à mettre à nu une partie de l'abdomen qu'on lave à la solution de sublimé à 2 pour 1.000. On fait alors un pli dans l'épaisseur de la paroi abdominale et, à l'aide de ciseaux stérilisés, on sectionne à la base. Perpendiculairement à cette boutonnière, on enfonce dans le péritoine la pointe d'un bistouri stérilisé à l'eau bouillante et que l'on charge de la culture pure avec le fil de platine stérilisé qui a servi à la détacher du milieu solide.

Après l'inoculation, on recouvre la plaie d'un pansement au collodion.

Dans la deuxième opération, on injecte directement dans la veine la plus apparente de la partie postéro-externe de l'oreille, la culture délayée dans l'eau stérilisée.

Les seringues dont le Docteur Loillier s'est servi sont celle de Malassez et une seringue stérilisable à piston d'amiante.

La stérilisation de ces instruments a été faite de la façon suivante :

Les cylindres de verre, avant chaque inoculation, sont nettoyés et lavés dans une solution de sublimé à 2 pour 1.000, puis passés dans l'alcool à 95° et rincés définitivement à l'eau stérilisée.

Les parties métalliques avec les tiges à pistons d'amiante et de caoutchouc sont immergées quelques minutes dans de l'eau distillée en pleine ébullition.

Pour l'inoculation, on prend sur la gélose, avec le fil de platine stérilisé, une parcelle de la culture que l'on délaie dans un godet de Rietsch stérilisé avec 1ᶜᶜ à 2ᶜᶜ environ d'eau distillée stérilisée. Ce liquide aspiré par la seringue est alors poussé dans la veine auriculaire du lapin.

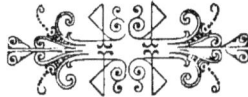

MICROBES DES EAUX MINÉRALES A LA VASQUE

Les vasques de la Grande-Grille et de l'Hôpital constituant par leur surface des réceptacles largement ouverts à l'air libre et que rien ne protège contre la chute des poussières atmosphériques, tous les germes en suspension dans le milieu qui les entoure peuvent y tomber, mais l'afflux continuel de l'eau minérale ne permet pas à tous d'y vivre et de s'y développer.

Aussi les colonies que l'on trouve par ensemencement de l'eau des vasques sont-elles peu nombreuses, la prolifération des germes ne pouvant avoir lieu qu'au repos, c'est-à-dire dans les bouteilles.

De plus, suivant les aptitudes spéciales de ces microbes, les uns ne trouvant pas dans ce milieu alcalin les conditions d'existence qui leur sont propres, disparaissent ; d'autres, au contraire, s'y multiplient avec une rapidité vraiment surprenante.

L'étude des germes des eaux à la vasque offre donc un intérêt moins général que celle des eaux embouteillées, puisque la sélection des micro-organismes par l'eau elle-même n'est complète que dans ces dernières.

SOURCES CHAUDES

GRANDE-GRILLE

1er Ensemencement. — Le 5 août, à 7 heures du matin, trois boîtes de Pétri ont reçu chacune 1cc d'eau minérale et 6cc de gélatine peptonisée.

Au troisième jour, la plupart des colonies sont visibles à l'œil nu ; on en distingue 4 différentes d'aspect :

1º Petite colonie blanche, épaisse, brillante, en surface sur la gélatine, de 0,3 à 0,4 de diamètre.

Au grossissement de 50 D, sa couleur est d'un gris noir avec centre d'un jaune brun ; hachures à la partie externe.

2º Petite colonie circulaire, blanche à l'œil nu, mate, peu épaisse, de 0,18 de diamètre, située à l'intérieur de la gélatine.

Au grossissement de 50 D, sa couleur est jaune sur les bords, avec une zone centrale plus foncée.

3º Colonie jaunâtre à l'œil nu, irrégulièrement circulaire, de 0,4 à 0,5 de diamètre.

Au grossissement de 50 D, elle est peu transparente et ne laisse voir aucun détail de sa surface.

4º Petite colonie paraissant semblable à la colonie 1, blanc grisâtre, irrégulière, de 0,5 de diamètre.

Examen au 4ᵉ jour. — La colonie 1 atteint 1 millimètre de diamètre, ses bords présentent toujours des hachures, mais le centre s'éclaircit. En s'agrandissant, il se forme deux zones : l'une externe, gris noirâtre, de 0,06 d'épaisseur ; l'autre centrale, de 0,44 de rayon.

Cette colonie ne liquéfie pas la gélatine.

La colonie 2 gagne peu en surface, son diamètre est de 0,26, son aspect est le même qu'à 48 heures, mais ses bords se goudolent Elle ne liquéfie pas la gélatine.

La colonie 3 qui, à 48 heures, ressemblait beaucoup à la colonie 1, a changé de forme et d'aspect. Elle présente maintenant deux zones :

Zone externe, claire, nébuleuse, irrégulièrement circulaire, de 0,15 d'épaisseur.

Zone centrale, également nébuleuse, mais plus obscure, de 0,55 de rayon.

Cette colonie creuse la gélatine en la liquéfiant lentement.

La colonie 4 qui, à 48 heures, paraissait la même que la colonie 1, offre maintenant un aspect tout différent. Elle est formée d'une série de fuseaux partant du centre et s'évidant à la circonférence. Ces fuseaux, d'un brun foncé à l'intérieur de la colonie, prennent une teinte jaune clair vers la périphérie.

Son diamètre est de 1ᵐ16.

On distingue à sa surface trois zones :

1º Zone centrale, brun foncé, de 0, 34 de rayon ;

2º Zone externe, grisâtre, nébuleuse, de 0,11 d'épaisseur ;

3º Zone intermédiaire, jaune clair, de 0,13 d'épaisseur.

Cette colonie paraît creuser la gélatine.

Examen au 5ᵉ jour. — La colonie 1 n'a pas changé d'aspect, mais sa surface augmente de plus en plus.

La colonie 2 n'augmente pas en diamètre, elle garde sa transparence, mais il se forme à l'intérieur une série de cercles concentriques.

La colonie 3 s'entoure d'un large godet de liquéfaction, en même temps que sa zone centrale s'agrandit.

La colonie 4 se résout en une colonie circulaire, par suite de la réunion de ses fuseaux, et liquéfie la gélatine.

Éléments qui les composent. — Colonie 1. — Gros cocci de 1,8 μ à 3 μ, analogues à ceux de la colonie XVII de l'embouteillage.

Colonie 2. — Microcoques souvent réunis deux à deux, de 1,2 μ de diamètre.

Colonie 3. — Diplocoques vrais en tétrades de 2,2 μ de long sur 1,8 μ de large ; analogues à ceux de la colonie XVIII de l'embouteillage.

Colonie 4. — Microcoques souvent réunis de 1,2 μ de diamètre.

Comme on le voit dans l'examen des microbes, cet ensemencement n'a donné aucune colonie à bacilles.

2e Ensemencement. — Le 20 août, à 11 heures du matin, 3 boîtes de Pétri ont reçu chacune 1cc d'eau minérale et 6cc de gélatine peptonisée. Cet ensemencement a donné de nombreuses colonies.

Au 3e jour, on distingue 8 colonies d'aspect différent.

1º Colonie circulaire, blanc grisâtre à l'œil nu, en saillie sur la gélatine, de 3 millimètres de diamètre, liquéfiant lentement la gélatine.

Au grossissement de 50 D, colonie circulaire grossièrement granuleuse dans la partie centrale ; entourée d'une bande obscure, gris jaunâtre, nébuleuse sur les bords. Composée de deux zones très différentes :

Zone interne granuleuse de 1,30 de rayon ;

Zone externe nébuleuse de 0,21 d'épaisseur.

Ces colonies sont communes.

2º Colonie blanc grisâtre, située dans la profondeur de la gélatine qu'elle ne paraît pas liquéfier, de 0,67 de diamètre.

Au grossissement de 50 D, la colonie est transparente, d'un gris jaunâtre, composée de deux zones distinctes par leur aspect, mais non limitées par des cercles :

Zone interne, grossièrement granuleuse, de 0,24 de rayon ;

Zone externe, finement granuleuse, de 0,11 d'épaisseur.

3º Petite colonie jaune à l'œil nu, de 0,57 de diamètre.

A un grossissement de 50 D, colonie jaune brun, homogène dans toutes ses parties, sans zones accusées.

4º Colonie irrégulière, trapéziforme, en saillie sur la gélatine, de 0,6 de long sur 0,5 de large.

Au grossissement de 50 D, colonie d'un gris noir, peu transparente, à surface homogène, à bords légèrement ondulés.

5º Colonie blanc jaunâtre à l'œil nu, à la surface de la gélatine, de 0,74 de diamètre.

A un grossissement de 50 D, la colonie est irrégulièrement circulaire, à centre jaune entouré d'une zone blanc jaunâtre transparente.

Zone centrale, jaune, granuleuse, de 0,14 de rayon ;
Zone externe ondulée, de 0,23 d'épaisseur.

6º Colonie circulaire, épaisse, en saillie sur la gélatine, de 0,42 de diamètre.

Au grossissement de 50 D, la colonie est brun foncé, à surface homogène, sans zones apparentes.

7º Colonie d'un blanc grisâtre, située à la surface de la gélatine, de 0,50 de diamètre.

Au grossissement de 50 D, sa surface est grise, transparente, de structure finement granuleuse, à bords fortement ciliés.

8º Colonie irrégulière, d'un blanc jaunâtre, située à la surface de la gélatine, de 0,9 de diamètre.

Au grossissement de 50 D, la colonie est composée de larges segments rayonnés échancrant les bords de sa surface.

Examen au 4e jour. — Colonie 1. — Liquéfie complètement la gélatine, les bords n'offrent plus aucune continuité.

Colonie 2. — Même aspect intérieur qu'au 3e jour, mais avec une zone extérieure transparente en plus, dont elle est séparée par un cercle obscur. Son diamètre total est de 1,89.

On distingue à sa surface trois zones :

Zone centrale, finement granuleuse, mal limitée, de 0,25 de rayon ;

Zone extérieure, limitée intérieurement par le cercle noir, de 0,45 d'épaisseur ;

Zone intermédiaire, grossièrement granuleuse, pénétrant légèrement la zone externe transparente, de 0,25 d'épaisseur.

Cette colonie liquéfie la gélatine.

Colonie 3. — Toujours homogène, d'un jaune brun, ne liquéfie pas la gélatine à la surface de laquelle elle est située. Diamètre 0,95.

Colonie 4. — Liquéfiant la gélatine ; elle n'offre plus aucune continuité dans ses contours.

Colonie 5. — Sa surface granuleuse présente trois zones différentes par leur couleur et leur transparence. Diamètre = 1,79.

Zone centrale, d'un jaune brun, de 0,16 de rayon ;

Zone extérieure, grisâtre, de 0,30 d'épaisseur ;

Zone intermédiaire, jaune, de 0,45 d'épaisseur.

Colonie 6. — Surface lobéé, couleur blanc jaunâtre. Son diamètre est de 0,8.

Colonie 7. — Large développement sur la gélatine qu'elle paraît couvrir d'un long voile transparent. Ne liquéfie pas la gélatine, mais la ramollit en lui donnant la consistance d'empois. Sa surface est dix fois plus grande qu'au troisième jour.

Colonie 8. — N'a pas changé de couleur ; sa forme au lieu d'être circulaire est elliptique et ses bords sont munis de pinceaux. Son diamètre est de 2,2. Elle paraît liquéfier la gélatine, mais d'une façon très lente.

Eléments qui les composent. — Colonie 1. — Micrococques quelquefois réunis deux à deux, de 0,9 μ à 1,3 μ de diamètre.

Colonie 2. — Bacilles grêles de 1,8 μ à 2,2 μ de long sur 0,5 μ d'épaisseur.

Colonie 3. — Micrococques de 1,5 μ de diamètre.

Colonie 4. — Diplocoques en tétrades de 2,2 μ de long sur 1,8 μ de large.

Colonie 5. — Petits bacilles souvent réunis bout à bout, de 1,8 μ à 2,2 μ de long su 0,5 μ de large.

Colonie 6. — Bacilles assez semblables aux précédents, mais plus petits, peu mobiles, de 1,5 μ à 1,8 μ de long sur 0,6 μ de large.

Colonie 7. — Bacilles grêles, droits ou légèrement incurvés, quelquefois réunis bout à bout, de 2,2 μ à 3,3 μ de long, sur 0,6 μ de large.

Colonie 8. — Micrococques souvent accouplés, de 0,8 μ à 1,2 μ de diamètre.

Les résultats que nous fournissent ces deux ensemencements, pratiqués à quinze jours d'intervalle, avec l'eau de la Grande-Grille prise à sa vasque, sont les suivants :

1º L'ensemencement du 20 août a fourni environ cinq fois plus de colonies que celui du 5 août.

2º Dans celui du 5 août, nous n'avons trouvé que des microcoques ou des formes se rapportant à ce groupe ; dans le second, au contraire, sur 8 colonies étudiées, quatre appartiennent à des bacilles.

Au point de vue de l'espèce et du nombre, il y a donc, comme on le voit, des différences considérables dont nous tirerons, à la fin de ce travail, d'importantes conclusions.

HOPITAL

1ᵉʳ Ensemencement. — Le 3 août, à 7 heures du matin, 3 boîtes de Pétri ont reçu chacune 1ᶜᶜ d'eau minérale et 6ᶜᶜ de gélatine peptonisée.

Examen des colonies au 3ᵉ jour. — On en distingue 5 d'aspect différent :

1º Colonie sectionnée, analogue à la colonie V de l'embouteillage, située dans la profondeur de la gélatine. Son diamètre = 0,33. Elle ne liquéfie pas la gélatine.

2º Colonie circulaire, noire sur les bords, jaune brun à 50 D, non liquéfiante, avec une zone centrale très petite. Diamètre = 0,94. En surface sur la gélatine.

On y distingue trois zones :

Zone centrale, de 0,07 de rayon ;

Zone externe, noire, de 0,08 d'épaisseur ;

Zone intermédiaire, jaune brunâtre, à surface virgulée, de 0,32 d'épaisseur.

3º Colonie nébuleuse, circulaire, mal limitée sur les bords, de 0,63 de diamètre ; composée de deux zones :

Zone centrale, jaune, de 0,14 de rayon ;

Zone externe, grisâtre, de 0,18 d'épaisseur.

Paraît liquéfier la gélatine et présente une certaine ressemblance avec la colonie I de l'embouteillage.

4º Colonie brune, indécise sur les bords, irrégulièrement circulaire, peu transparente, de 0,59 de diamètre. Paraît creuser la gélatine.

5º Petite colonie grisâtre, finement rayonnée, homogène dans sa surface, circulaire, sans zones apparentes, de 0,32 de diamètre.

Examen au 4ᵉ jour. — Colonie 1. — N'a pas changé d'aspect, son diamètre a peu augmenté ; il est maintenant de 0,53.

Colonie 2. — S'est développée en surface sur la gélatine, sans la creuser. Cette colonie est cornée, élastique, se détache difficilement du milieu. Son diamètre est de 1,8.

Colonie 3. — Présente la même zone intérieure qu'au troisième jour, mais sa zone externe s'est agrandie en prenant une teinte jaune moins foncée que le centre. Elle dessine un cercle assez régulier dont les bords s'entourent d'un assez large godet de liquéfaction. Son diamètre est de 1,2.

Colonie 4. — Devient de plus en plus irrégulière, en se développant aux extrémités d'un même diamètre.

Paraît liquéfier la gélatine après cinq jours.

Colonie 5. — Plus finement virgulée, d'un jaune grisâtre, sans zones apparentes. Son diamètre est de 1, 16.

Cette colonie jaunit après trois jours et devient franchement jaune à l'œil nu au cinquième jour. Ne liquéfie pas la gélatine.

Éléments qui les composent. — Colonie 1. — Microcoques souvent accouplés de 1 μ à 1,2 μ. (Éléments de la colonie V de l'embouteillage).

Colonie 2. — Cocci isolés, de 0,9 μ à 1,2 μ de diamètre.

Colonie 3. — Bacilles très mobiles et très déliés, souvent sectionnés, de 1,8 μ à 2 μ de long sur 0,8 μ de large.

Colonie 4. — Bacilles peu mobiles d 1,5 μ à 1,8 μ de long sur 0,6 μ à 0,8 μ de large.

Colonie 5. — Diplocoques en tétrades comme ceux observés dans la colonie 3 du premier ensemencement de la Grande-Grille, avec cette différence qu'ils ne liquéfient pas la gélatine.

Les tétrades ont 3 μ de long sur 1,8 μ de large.

Deuxième ensemencement. — Le 20 août, à 11 heures du matin, trois boîtes de Pétri ont reçu chacune 1^{cc} d'eau minérale et 6^{cc} de gélatine. Cet ensemencement, pratiqué le même jour et parallèlement à celui de la Grande-Grille, a donné pour l'Hôpital moins de colonies que celui de la Grande-Grille. On en distingue huit différentes d'aspect :

1º Colonie liquéfiante semblable à la colonie 1 obtenue le même jour avec l'eau de la Grande-Grille.

2º Colonie circulaire, à centre foncé et à bords transparents, de 0,5 de diamètre ; composée de deux zones différentes d'aspect et de couleur :

Zone centrale, circulaire, d'un jaune brun, de 0,17 de rayon ;

Zone externe, jaune clair, ondulée sur les bords, de 0,08 d'épaisseur.

3° Colonie circulaire, finement pointillée, jaune, homogène, un peu plus colorée au centre que sur les bords, de 0,53 de diamètre. Ne paraît pas liquéfier la gélatine.

4° Colonie irrégulière, épaisse, d'un gris noir par transparence, analogue comme forme à la colonie 4 de l'ensemencement similaire de la Grande-Grille ; sans zones apparentes. Cette colonie, à l'inverse de celle de la Grande-Grille, est de consistance cornée et ne liquéfie pas la gélatine.

5° Colonie irrégulière, à centre jaune, rayonnée, à bords clairs, de 0,55 de diamètre. Composée de deux zones :

Zone centrale, jaune, de 0,10 de rayon ;

Zone externe, blanc jaunâtre, de 0,17 d'épaisseur ;

6° Colonie identique à la colonie IX de l'embouteillage.

7° Colonie identique à la colonie V de l'embouteillage.

8° Colonie rayonnée, identique à la colonie XI de l'embouteillage.

Au 4e jour. — Colonie 1. — Liquéfie complètement la gélatine et ne peut plus être mesurée.

Colonie 2. — Devient liquéfiante à partir du quatrième jour. Son aspect change complètement : de circulaire qu'elle était, elle est devenue polygonale, il ne reste plus au centre qu'un petit cercle obscur entouré de fines granulations. Les bords repliés sur eux-mêmes constituent une bande foncée, dont les contours sont formés de lames plissées grossièrement. Son diamètre total est de 5,5. Elle comprend trois zones :

1° Zone centrale obscure, de 0,24 de rayon ;

2° Zone externe, jaune brun, plissée, de 0,30 d'épaisseur ;

3° Zone intermédiaire, granuleuse, de 2,21 d'épaisseur.

Analogue à la colonie IV de l'embouteillage.

Colonie 3. — A conservé sa forme circulaire, son aspect granuleux. Son diamètre est de 1,10.

Colonie 4. — Toujours irrégulière, nébuleuse, chevelue sur les bords, transparente à l'intérieur, assez semblable à de petits nuages accolés, de couleur gris noirâtre. Son diamètre est de 0,72.

Colonie 5. — La colonie décrite au troisième jour est devenue au quatrième le noyau d'une colonie agrandie, irrégulièrement circulaire, à structure légèrement rayonnée. Son diamètre total est de 1,6.

Les zones décrites à 48 heures sont restées les mêmes :

Zone centrale de 0,10 de rayon ;

Zone externe de 0,17 d'épaisseur ;

La zone qui s'est ajoutée aux deux précédentes et dont la transparence est très grande a 0,54 d'épaisseur.

Cette colonie ne liquéfie pas la gélatine après trois jours.

Les colonies 6, 7, 8, étudiées dans l'eau embouteillée, n'ont pas été suivies dans leur développement.

Eléments qui les composent. — Colonie 1. — Microcoques souvent accouplés, de 1 μ à 1,2 μ de diamètre.

Colonie 2. — Microcoques très mobiles, souvent réunis deux à deux ou quatre à quatre, de 1,2 μ de diamètre.

Colonie 3. — Bacilles de 2,2 μ de long sur 0,5 μ à 0,6 μ de large.

Colonie 4. — Diplocoques vrais, non réunis en tétrades, de 1,8 μ de long sur 1,2 μ de large.

Colonie 5. — Microcoques immobiles de 1,2 μ de diamètre.

Colonie 6. — Diplocoques vrais de 1,8 μ de long sur 0,6 μ à 0,8 μ de large.

Colonie 7. — Microcoques souvent réunis deux à deux, de 1 μ à 1,2 μ de diamètre.

Colonie 8. — Eléments intermédiaires entre le bacille et le microcoque, de 1,3 μ à 1,9 μ de long sur 0,6 μ à 0,9 μ de large.

Les deux ensemencements de l'Hôpital donnent des résultats peut-être moins tranchés que ceux obtenus pour la Grande-Grille, mais tout aussi concluants. Nous avons trouvé dans l'ensemencement du 20 août de nombreuses colonies qui prolifèrent dans l'eau des bouteilles.

De plus, certains germes, trouvés dans l'ensemencement de l'eau de la Grande-Grille, ont été reconnus le même jour dans l'examen similaire de ceux de l'Hôpital, ce qui nous permettra de tirer des conclusions d'un autre ordre relativement à l'ensemencement des vasques par l'air.

SOURCES TIÈDES
LARDY (Buvette)

La Source de Lardy, dont l'écoulement se fait par des robinets, fournit très peu de colonies, 4 à 5 en moyenne par c. c.

Le 12 août, 3 boîtes de Pétri ont reçu chacune 1^{cc} d'eau minérale et 6^{cc} de gélatine peptonisée.

Après 60 heures, on distinguait 4 colonies d'aspect différent :

1° Grosse colonie, gris jaunâtre par réflexion, blanche par transparence, irrégulière, très étendue, se développant en saillie sur la gélatine qu'elle ne paraît pas liquéfier.

Son diamètre est de 2^{mm}.

Comprend 3 zones différentes de couleur et d'aspect :

Zone centrale, circulaire, chagrinée, de 0,11 de rayon ;

Zone externe, blanche, de 0,10 d'épaisseur ;

Zone intermédiaire, granuleuse, grise, de 0,78 d'épaisseur.

2° Colonie jaune à l'œil nu, d'un brun foncé par transparence, nébuleuse sur les bords, de 0,37 de diamètre. Homogène ; ne semble pas liquéfier la gélatine.

3° Petite colonie circulaire, semblable à la précédente comme aspect extérieur, mais à bords nets, de 0,42 de diamètre.

4° Colonie irrégulière, nuageuse, de 0,34 de diamètre, sans zones concentriques, mais formée de segments sphériques échancrant ses bords externes.

Examen au 4ᵉ jour. — Colonie 1. — Gagne en surface, sans changer d'aspect. Ressemble à de la graisse figée.

Colonie 2. — Sa surface s'est agrandie, les bords primitifs se sont gondolés et autour d'eux s'est formé un anneau nuageux gris clair. Son diamètre total est de 0,7.

La zone centrale ondulée régulièrement a 0,26 de rayon ; la corde de ses segments est de 0,08.

La zone externe, gris clair, a 0,12 d'épaisseur.

La colonie est située en profondeur dans la gélatine qu'elle commence à liquéfier.

Colonie 3. — N'a pas changé d'aspect. Elle est d'un jaune brun par transparence ; sa surface est restée homogène. Le diamètre est de 0,55.

Colonie 4. — Conserve sa forme en broussailles ; le centre est brun rougeâtre par transparence, la partie externe gris foncé. Son diamètre est de 0,6. Se développe à l'intérieur de la gélatine.

Eléments qui les composent. — Colonie 1. — Diplocoques de 2,4 μ de long sur 1,2 μ de large. Très mobiles ; se colorant bien au bleu de méthylène. Ces éléments présentaient, à 60 heures

d'ensemencement, la forme de bacilles gros, courts, quelques-
uns en voie de sectionnement, de 1,9 μ à 2 μ de long sur 1,2 μ
d'épaisseur.

Colonie 2. — Diplocoques isolés, souvent réunis en tétrades,
de 2,2 μ de long sur 0,8 μ de large.

Cette colonie paraît analogue à la colonie 3 du premier ensemencement de la Grande-Grille, mais elle est située en profondeur dans la gélatine au lieu d'être à sa surface, comme sa
similaire.

Colonie 3. — Mêmes éléments que la précédente, malgré sa
forme absolument différente.

Colonie 4. — Diplocoques en tétrades régulières.

Longueur des tétrades 2,2 μ sur 1,8 μ de large.

Ces éléments étant analogues aux précédents, la colonie 4 serait
une variété allotropique des colonies 2 et 3.

2ᵉ ensemencement. — Le 27 août, 3 boîtes de Pétri ont reçu
chacune 1ᶜᶜ d'eau minérale et 6ᶜᶜ de gélatine peptonisée.

Au 3ᵉ jour, on distingue 4 colonies d'aspect différent :

1º Colonie plissée, de 1,20 de diamètre, irrégulièrement ciroculaire, blanc grisâtre à l'œil nu et jaune brun au microscope

2º Colonie blanc jaunâtre à l'œil nu, irrégulière, à forme quadrangulaire, de 0,8 de largeur.

3º Colonie jaune à l'œil nu, irrégulièrement circulaire, finement pointillée, sans zones apparentes, de 0,9 de diamètre.

4º Colonie identique à la colonie IX de l'embouteillage.

Examen au 4ᵉ jour. — Colonie 1. — A beaucoup gagné en
surface. Son diamètre est de 2,5. Creuse et liquéfie la gélatine.

On y distingue 3 zones :

Zone centrale, brune, de 0,20 de rayon, d'où partent des prolongements flexueux terminés par de petites masses olivaires.

Zone extérieure, de même couleur, grossièrement plissée
de 0,42 d'épaisseur.

Zone intermédiaire, de 0,58 d'épaisseur, transparente, grisâtre, finement pointillée, traversée par des lignes ondulées
paraissant relier la zone plissée de la circonférence au cercle
intérieur, ce qui lui donne l'apparence d'un filet à mailles très
larges.

Colonie 2. — S'est étendue en surface. Son diamètre est
de 1ᵐᵐ5. L'aspect de la colonie n'a pas changé ; elle est plus

transparente qu'au 3ᵉ jour. Liquéfie la gélatine au 4ᵉ jour d'ensemencement.

Colonie 3. — Paraît se sectionner, suivant des lignes partant de la circonférence et se dirigeant vers le centre où elles n'arrivent pas.

Eléments qui les composent. — Colonie 1. — Microcoques souvent accouplés, de 0,8 μ à 1 μ de diamètre.

Colonie 2. — Diplocoques en tétrades, analogues à ceux de la colonie XVIII de l'embouteillage.

Colonie 3. — Microcoques isolés, ou réunis deux à deux, ou en streptocoques de 1 μ à 1,2 μ de diamètre.

Dans les deux ensemencements de Lardy, on n'a trouvé aucun élément bacillaire. Tous se rapportent à la forme ronde de microcoques disposés suivant l'espèce en diplocoques ou en tétrades.

Les colonies toujours très rares que l'on trouve dans l'eau de cette Source, la plus pure des eaux jaillissantes de Vichy, proviennent sans aucun doute des germes de l'air qui pénètrent dans le flacon stérilisé au moment du remplissage.

L'amicrobie de cette eau est démontrée par la présence elle-même de ces germes qui, n'ayant pas eu le temps de se désagréger dans l'eau à laquelle ils ont été mélangés au moment de l'embouteillage, ne donnent pas de colonies dans la gélatine avant 60 heures.

Ce fait, que nous avions déjà remarqué l'an dernier dans le dosage quantitatif des germes de Lardy, est vérifié cette année et démontre une fois de plus le danger de la vasque où les germes de l'air, malgré le mouvement de l'eau minérale, ont le temps de se désagréger pour fournir, peu après l'embouteillage, une prolifération abondante.

MESDAMES (Buvette)

1ᵉʳ Ensemencement. — Le 13 août 1892, à 7 heures du matin, 3 boîtes de Pétri ont reçu chacune 1ᶜᶜ d'eau minérale et 6ᶜᶜ de gélatine peptonisée.

Au 3ᵉ jour, on distingue 7 colonies différentes d'aspect :

1° Colonie circulaire, à bords nets, de couleur jaune, à surface ponctuée, sans zones apparentes, de 0,62 de diamètre.

2° Grande colonie à contours irréguliers, ayant une forme vaguement elliptique ; grand axe : 2,03 ; petit axe : 1ᵐᵐ80 ; pointillé), de couleur jaune. A l'intersection des axes, une zone légèrement elliptique, de 0,24 de diamètre, de couleur plus foncée.

3º Colonie à forme circulaire, légèrement aplatie sur un point de la périphérie, de couleur brun jaunâtre par transparence.

4º Colonie brune au centre, jaune à la périphérie, dont les bords sont garnis à l'intérieur de hachures estompées.

Son diamètre est de 0,95.

5º Colonie ciliée sur les bords, liquéfiante, de 1^{mm}70 de diamètre, décrite sous le nº III de l'embouteillage.

6º Colonie ciliée du centre à la périphérie, en soleil, d'un ton plus clair que la colonie 5, très transparente, de 1^{mm}10 de diamètre. Liquéfiante au 3e jour, analogue à la colonie précédente.

7º Colonie jaune clair, segmentée en rosace, de 0,50 de diamètre, décrite à l'embouteillage sous le nº IX.

Examen au 4º jour. — Colonie 1. — Sa surface s'est agrandie en s'entourant d'une zone transparente granuleuse de 0,3 de largeur. Son diamètre total est de 1^{mm}50.

Colonie 2. — La colonie ne tient plus dans le champ du microscope, sa partie centrale n'a pas subi de changement, mais la zone extérieure s'est plissée.

Colonie 3. — Nettement plissée, de couleur jaune brun. Son diamètre est de 1^{mm}40.

Colonie 4. — Forme un grand îlot, finement granuleux, divisé par des fuseaux.

Eléments qui les composent. — Colonie 1. — Micrococques de 0,6 à 0,8 μ.

Colonie 2. — Micrococques souvent réunis deux à deux, de 0,8 μ de diamètre.

Colonie 3. — Mêmes éléments.

Colonie 4. — Micrococques souvent réunis deux à deux, de 1,2 μ de diamètre.

2º *Ensemencement.* — Le 28 août, à 11 heures du matin, 3 boîtes de Pétri ont reçu chacune 1^{cc} d'eau minérale prise à la vasque et 6^{cc} de gélatine peptonisée.

Au 3º jour, on distingue 9 colonies d'aspect différent :

1º Colonie irrégulière, segmentée, jaune sur les bords, brune vers le centre, à surface finement réticulée. Son diamètre est de 0,4.

2º Colonie parfaitement circulaire, de 0,6 de diamètre, jaune clair, transparente, finement ponctuée, composée de deux zones distinctes :

Zone centrale, de 0,04 de rayon ;

Zone externe, de 0,26 d'épaisseur.

3º Colonie jaune brun, circulaire, à surface réticulée, de 0,50 de diamètre, uniforme dans toutes ses parties.

4º Colonie circulaire, festonnée, gris jaunâtre, de 0,6 de diamètre.

5º Colonie semblable comme aspect à la colonie nº 3, de 0,44 de diamètre.

6º Colonie brune, granuleuse, de 0,5 de diamètre.

7º Colonie brune, circulaire, de 0,34 de diamètre, brune par transparence.

8º Colonie circulaire, à bords festonnés, à surface ponctuée, jaune brun au centre, claire sur les bords, de 0,5 de diamètre.

9º Colonie circulaire, brune par transparence, de 0,42 de diamètre.

Au 4º jour. — Colonie 1. — Même aspect ; diamètre 0,5. En profondeur dans la gélatine qu'elle ne liquéfie pas.

Colonie 2. — Couleur jaune clair, à fines hâchures, n'a plus de zone centrale. Diamètre 1,05. En surface sur la gélatine qu'elle ne liquéfie pas.

Colonie 3. — Même aspect, paraît moins foncée.

Son diamètre est de 0,5. En profondeur dans la gélatine, non liquéfiante.

Colonie 4. — Même aspect festonné. Diamètre 0,77. En surface sur la gélatine, non liquéfiante.

Colonie 5. — Même aspect. Diamètre 0,5. En profondeur dans la gélatine, non liquéfiante.

Colonie 6. — S'entoure d'un anneau jaune, à surface granuleuse. Diamètre 1mm9. En surface sur la gélatine qu'elle liquéfie.

Colonie 7. Même aspect. Diamètre 0,5. Liquéfiante.

Colonie 8. — Même aspect. Diamètre 0,6. En profondeur dans la gélatine qu'elle ne liquéfie pas.

Colonie 9. — Même aspect. Diamètre 0,5. En profondeur, non liquéfiante.

Colonie 10. — Couleur orange. Diamètre 0,3. En profondeur, non liquéfiante.

Cette colonie a poussé au 3e jour.

Eléments qui les composent. — Colonie 1. — Micrococques réunis deux à deux ou en chaînes, de 1,2 μ de diamètre.

Colonie 2. — Micrococques souvent accouplés de 0,9 à 1 μ.

Colonie 3. — Même colonie, mêmes éléments que la colonie 2.

Colonie 4. — Gros micrococques de 1,7 μ.

Colonie 5. — Même colonie, mêmes éléments que la colonie 4.

Colonie 6. — Micrococques très mobiles, de 1,2 μ de diamètre.

Colonie 7. — La colonie a coulé et s'est mélangée à une colonie voisine.

Colonie 8. — Micrococques de 0,9 μ de diamètre.

Colonie 9. — Micrococques de 1,2 μ de diamètre.

Colonie 10. — Bacilles de 0,6 μ de large sur 1,9 μ de long.

A la vasque de Mesdames, comme à celles de la Grande-Grille et de l'Hôpital, le nombre et la variété des germes sont essentiellement variables et dépendent évidemment des contaminations auxquelles les eaux sont soumises pendant les manipulations de la puisée. Les colonies liquéfiantes, que l'on observe parfois dans les vasques et jamais aux robinets des sources pures, proviennent des trop pleins où les germes ont eu le temps de se développer. De là ils sont transportés dans la vasque pendant les mouvements de va et vient que subit le verre avant son remplissage.

SOURCES FROIDES

CÉLESTINS (Buvette)

1er Ensemencement. — Le 6 août, à 11 heures du matin, 3 boîtes de Pétri ont reçu chacune 1cc d'eau minérale prélevée au robinet de la buvette des Anciens Célestins n° 2 et 6cc de gélatine peptonisée.

Au 3e jour, on distingue 4 colonies d'aspect différent :

1° Colonie liquéfiante ciliée, qui apparaît à 36 heures d'ensemencement et que l'on rencontre d'une façon constante dans l'eau des Célestins, décrite sous le n° III des colonies de l'embouteillage.

2° Colonie blanc grisâtre à l'œil nu, petite, brillante, régulièrement circulaire, jaunâtre par transparence, finement pointillée. Son diamètre est de 0,4. Paraît non liquéfiante.

3° Colonie semblable à la précédente, comme aspect extérieur, mais de surface rayonnée. Les rayons partent du centre et aboutissent à la circonférence où ils se divisent par effilement. Son diamètre est de 0,4. Paraît non liquéfiante.

4° Colonie irrégulière, de forme quadrangulaire, épaisse, jaunâtre, de 0,63 de longueur sur 0,52 de largeur, à surface ponctuée. Paraît non liquéfiante.

Examen au 4ᵉ jour. — Colonie 1. — Dissout de plus en plus la gélatine, les cils disparaissent.

Colonie 2. — Augmente en surface. Diamètre 0,67. Les bords sont obscurs, le centre est jaune rougeâtre. Non liquéfiante.

Colonie 3. — Devient transparente en s'agrandissant, conserve ses rayons. Non liquéfiante.

Colonie 4. — A changé d'aspect. Elle se présente sous la forme d'une masse quadrangulaire obscure, entourée d'une partie nébuleuse transparente. Liquéfie la gélatine.

Eléments qu'elles renferment. — Colonie 1. — Eléments bacillaires de 2,4 μ à 3 μ de long, sur 0,9 μ de large.

Colonie 2. — Eléments bacillaires de 2,4 μ de long sur 0,5 μ à 0,6 μ de large, peu mobiles. Décrits dans la colonie XIX de l'embouteillage.

Colonie 3. — Bacilles semblables aux précédents. La colonie diffère de forme, sans doute à cause de sa situation dans la gélatine. Elle est à l'intérieur au lieu d'être en surface comme la colonie 2.

Colonie 4. — Diplocoques en tétrades, réunis en îlots de trois à cinq superposés les uns aux autres.

Longueur des tétrades 2,2 μ sur 1,8 μ de largeur.

2ᶜ ensemencement. — Le 21 août, à 7 heures du matin, 3 boîtes de Pétri ont reçu chacune 1ᶜᶜ d'eau de la buvette, prélevée au robinet, et 6ᶜᶜ de gélatine peptonisée.

Après 36 heures seulement d'ensemencement, on aperçoit dans la gélatine de très nombreuses colonies. Les liquéfiantes sont déjà très développées.

On en distingue 13 d'aspects divers.

1° Grosse colonie liquéfiante, grossièrement granuleuse à l'intérieur, d'un blanc grisâtre, avec cercles concentriques, mais sans ciliations sur les bords, renfermant les mêmes éléments que la colonie ciliée n° II de l'embouteillage.

2° Colonie ciliée analogue à la colonie III de l'embouteillage.

3° Colonie analogue à la colonie IX de l'embouteillage.

4º Colonie analogue à la colonie V de l'embouteillage.

5º Colonie rayonnée, blanc grisâtre à l'œil nu, gris sale au microscope, de 0,35 dé diamètre ;

Composée de deux zones circulaires :

Zone centrale, de 0,06 de rayon ;

Zone externe rayonnée, de 0,12 d'épaisseur.

Cette colonie est située dans la profondeur de la gélatine qu'elle ne liquéfie pas.

6º Colonie irrégulière, blanche à l'œil nu, de 1ᵐᵐ05 de diamètre. Composée de deux zones :

Zone centrale obscure, d'un gris noir, sans détails, de 0,32 de rayon ;

Zone externe nuageuse, transparente, gris clair, de 0,20 d'épaisseur.

Liquéfie la gélatine après 48 heures d'ensemencement.

7º Petite colonie circulaire, blanc grisâtre à l'œil nu, de 0,4 de diamètre. Située en profondeur dans la gélatine.

Au microscope, sa surface offre une texture rayonnée, limitée par un cercle irrégulier. Sa couleur est jaune brun par transparence.

8º Colonie irrégulière, montagneuse, en saillie sur la gélatine, non liquéfiante, grisâtre, semblable à de l'empois.

9º Petite colonie jaunâtre, circulaire, homogène, finement pointillée, de 0,4 de diamètre. En saillie sur la gélatine qu'elle ne liquéfie pas.

10º Colonie irrégulière, étendue à la surface de la gélatine comme une goutte d'huile à la surface de l'eau, de 0,9 de dia_ mètre.

11º Colonie analogue au nº 5 dn deuxième ensemencement de la Grande-Grille.

12º Colonie analogue au nº 3 du deuxième ensemencement de la Grande-Grille.

13º Colonie analogue au nº 6 du deuxième ensemencement de la Grande-Grille.

Examen au 4ᵉ jour. — Colonie 5. — Surface d'aspect rayonné, dont le centre jaune est moins transparent que les bords d'un blanc grisâtre. Diamètre 0,71.

Colonie 6. — S'est tellement étendue en surface que toute mensuration est devenue impossible. Son diamètre, avec le godet de liquéfaction, est environ de 6 millimètres.

Colonie 7. — Même aspect. Diamètre 0,6.

Colonie 8. — Même aspect. Diamètre 1,65.

Colonie 9. — Même aspect. Diamètre 0,6.

Colonie 10. — Transparente au point d'être invisible au microscope. Diamètre 2mm5. Liquéfie lentement.

Les colonies 11, 12, 13, déjà décrites avec leurs éléments au deuxième ensemencement de la Grande-Grille, n'ont pas été suivies.

Eléments qui les composent. — Colonie 5. Micrococques ovalaires, en forme d'olives arrondies, sectionnés de façon à donner des diplocoques de 1,5 μ de long sur 0,8 μ de large.

Colonie 6. — Gros bacilles, réunis bout à bout, formant des chaînes incurvées semblables à des gousses de haricot, de 2,75 μ de long sur 1,5 μ de large. Ces bacilles paraissent sporulés à l'une des extrémités.

Colonie 7. — Bacilles fins, droits ou légèrement incurvés, de 2,2 μ de long sur 0,5 μ de large.

Colonie 8. — Petits bacilles, très mobiles, courts, grêles, souvent réunis bout à bout au nombre de deux.

Longueur 1,8 μ sur 0,6 μ de large.

Colonie 9. — Bacilles arrondis aux extrémités, se colorant difficilement.

Longueur 1,5 μ à 1,8 μ sur 0,6 μ de large.

Colonie 10. — Bacilles de 2,2 μ de long, sur 0,6 μ de large.

Presque toutes les colonies trouvées aux Anciens Célestins n° 2 renferment des éléments bacillaires et beaucoup d'entre eux liquéfient la gélatine. Cette particularité des germes et de leurs colonies semble être, nous le verrons plus loin, une caractéristique de ces sources dont la pollution par l'eau de la rivière ou du sous-sol est évidente.

Le 16 août, à 10 heures du matin, 3 boîtes de Pétri ont reçu chacune 1cc d'eau minérale, prélevée au robinet des Anciens Célestins n° 1, et 6cc de gélatine peptonisée.

Après 36 heures d'ensemencement, on distingue 4 colonies d'aspect différent :

1° Grosse colonie liquéfiante, analogue à celle décrite sous le n° 1 des Anciens Célestins n° 2 (2° ensemencement).

2° Petite colonie irrégulièrement circulaire, de 0,48 de diamètre, composée de deux zones :

Zone centrale, brun rougeâtre, de 0,06 de rayon ;

Zone périphérique, gris jaunâtre, finement ponctuée, de 0,18 d'épaisseur.

3° Colonie granuleuse, non limitée par un cercle, mais le dessinant irrégulièrement, de 0,8 de diamètre. Située dans la profondeur de la gélatine.

4° Colonie analogue à la colonie IX de l'embouteillage.

Eléments qu'elles renferment. — Colonie 1. — Bacilles de 1,8 μ de long sur 0,6 μ de large, analogues à ceux du n° II de l'embouteillage.

Colonie 2. — Vrais diplocoques, très mobiles, ayant la forme d'un bacille trapu sectionné. Longueur 2,4 μ sur 1,1 μ de large.

Colonie 3. — Bacilles de 1,8 μ de long sur 0,6 à 0,8 μ de large. Analogues à ceux de la colonie 1.

Les colonies 1 et 3 diffèrent de forme par suite de leur genre de développement dans la gélatine, la colonie 1 étant en surface, la colonie 3 en profondeur.

Par la similitude des germes trouvés aux deux sources des Célestins et surtout par la présence constante dans les ensemencements de la colonie 1, on est en droit de conclure à la contamination certaine de ces eaux par celles du sous-sol ou de l'Allier qui les avoisine. Ce genre de colonie ne se trouve, en effet, que dans les eaux douces et ce n'est qu'accidentellement qu'on le rencontre dans les eaux thermales pures ou les eaux tièdes ou froides du bassin de Vichy.

EAUX DE SAINT-YORRE

1er ensemencement. — Le 13 août, à 3 heures du soir, 3 boîtes de Pétri ont reçu chacune 1cc d'eau minérale, prélevée à la source Mallat de Saint-Yorre à 9 heures du matin, et 6cc de gélatine peptonisée.

Au 3° jour, on distingue 5 colonies différentes d'aspect :

1° Grosse colonie, blanc grisâtre à l'œil nu, jaunâtre par transparence, assez régulièrement circulaire, homogène, sans zones apparentes, à surface virgulée de 1,15 de diamètre.

2° Petite colonie blanche, régulièrement circulaire, tigrée à la surface, de 0,4 de diamètre.

Composée de deux zones distinctes :

Zone centrale jaunâtre, de 0,13 de rayon ;

Zone externe jaune clair, de 0,08 d'épaisseur.

Paraît non liquéfiante.

3º Colonie irrégulière, peu transparente, d'un jaune brun au centre et grise nébuleuse vers sa périphérie.

Son diamètre et de 0,5. Paraît non liquéfiante.

4º Petite colonie irrégulièrement circulaire, homogène, à bords finement ondulés, de 0,44 de diamètre, jaunâtre à l'œil nu, brune par transparence.

5º Colonie circulaire, d'un blanc grisâtre à l'œil nu, à surface tigrée comme la colonie 2, mais présentant nettement deux zones limitées par des cercles légèrement excentriques. Diamètre total 0,5.

Zone centrale, de 0,13 de rayon ;

Zone externe, de 0,12 d'épaisseur.

Examen au 4ᵉ jour. — Colonie 1. — Très étendue, assez épaisse, d'un gris jaunâtre à l'œil nu, jaune par transparence, sans zones apparentes, de 2 millimètres de diamètre.

Colonie 2. — S'est plissée régulièrement sur les bords en restant circulaire, mais avec discontinuité dans la circonférence. Les rayons partent du centre pour s'élargir vers la périphérie. Son diamètre est de 0,6. Pas de zones apparentes. Ne liquéfie pas.

Colonie 3. — De plus en plus irrégulière, mais avec les caractères déjà décrits. Située un peu au-dessous de la gélatine. Diamètre 0,74.

Colonie 4. — Même aspect. Située à l'intérieur de la gélatine. Diamètre 0,6.

Colonie 5. — S'agrandit et change d'aspect. Elle présente toujours les deux zones décrites, mais la zone externe se plisse comme dans la colonie 2 mais plus finement. Son diamètre est de 0,7. Non liquéfiante.

Eléments qui les composent. — 1º Diplocoques formés de microcoques aplatis sur leur face commune et accolés l'un à l'autre à la façon de deux grains de cafés. Souvent réunis pour constituer des tétrades. Longueur 1,8 µ sur 0,9 µ de large.

2º Microcoques souvent accouplés de 1,2 µ de diamètre.

3º Diplocoques en tétrades de mêmes dimensions que ceux de la colonie 1.

4º Mêmes éléments que la colonie 1.

5º Eléments intermédiaires entre le bacille et le microcoque, souvent réunis bout à bout. Paraissent se rapporter à la forme en diplocoque par sectionnement des éléments simples. Leur longueur est de 1,5 µ sur 0,8 à 0,9 µ de large.

2º ensemencement. — Le 28 août, à 2 heures du soir, 3 boîtes de Pétri ont reçu chacune 1ᶜᶜ d'eau minérale, prélevée le matin à la même vasque que la précédente, et 6ᶜᶜ de gélatine peptonisée.

Au 3º jour, on distingue 4 colonies différentes d'aspect:

1º Colonie d'un blanc mat, circulaire, de 0,7 de diamètre, à surface finement granuleuse, sans zones apparentes, jaune au microscope. Ne paraît pas liquéfiante.

2º Colonie lobée analogue à la colonie IX de l'embouteillage, mais d'un diamètre un peu plus grand, 0,75. Ne liquéfie pas la gélatine.

3º Colonie circulaire, ondulée sur les bords, jaunâtre à l'œil nu, d'un jaune brun au microscope, de 0,42 de diamètre.

4º Colonie analogue à la colonie 3 du premier ensemencement. Ces colonies sont nombreuses.

Au 4º jour. — Colonie 1. — N'a pas changé d'aspect. Sa surface a doublé, 1ᵐᵐ4.

Colonie 3. — A changé d'aspect. Au microscope, sa couleur est d'un gris noirâtre, sa surface, obscure au centre, est nébuleuse à la périphérie. La zone externe, qui n'existait pas au troisième jour, est très étendue. Diamètre 1,15.

Composée de deux zones :

Zone centrale, noire, de 0,22 de rayon ;

Zone externe, nébuleuse, de 0,35 d'épaisseur.

Colonie 4. — N'a pas changé d'aspect. Son diamètre est de 0,6. Pas de zones distinctes. La couleur est gris noir dans la partie centrale, jaune verdâtre à la périphérie. Cette colonie est située au-dessous de la gélatine dans laquelle elle se développe en la liquéfiant lentement.

Eléments qu'elles renferment. — Colonie 1. — Diplocoques en tétrades de 1,8 µ de long sur 1 µ de large.

Colonie 3. — Micrococques isolés ou réunis deux à deux, ou disposés en streptocoques de 1,2 µ de diamètre. On aperçoit dans la masse des diplocoques en tétrades, ce qui paraît indiquer le mélange ou la superposition de deux colonies provenant de deux germes distincts.

Colonie 4. — Tétrades analogues à celles de la colonie n° 3 du premier ensemencement de Saint-Yorre.

L'eau de Saint-Yorre, considérée dans ses deux ensemencements, ne renferme aucun élément se rapportant à la forme bacillaire; tous les germes appartiennent à la famille des coccacées, qui comprend avec les micrococoques, les genres des diplocoques isolés ou réunis en tétrades. Ces résultats avaient déjà été obtenus avec l'eau de la source Lardy dont les germes proviennent uniquement de l'air qui ensemence l'eau au moment de son prélèvement.

MICROBES DES EAUX EMBOUTEILLÉES

MENSURATION ET CULTURES

Les colonies que nous allons décrire ont été obtenues par ensemencement des eaux minérales naturelles, après un temps variable d'embouteillage, dans les récipients stérilisés ayant servi à leur prélèvement.

L'intérêt qu'elles présentent est dû à la faculté que possèdent leurs micro-organismes de pouvoir vivre et proliférer dans les bouteilles.

Tous les germes de l'air qui viennent souiller les eaux minérales à leur émergence ne figurent naturellement pas dans cette nomenclature, car leur nombre, sans être illimité, doit être considérable. Nous nous sommes donc bornés à étudier ceux qui, par les caractères de leurs colonies, nous ont paru faciles à reconnaître dans les ensemencements.

COLONIE I. — BACILLE A.

Trouvée dans un ensemencement de l'eau de la Grande-Grille, dont le prélèvement a été fait à la vasque le 16 juin à 7 heures du matin.

A 50 heures de culture, elle se présente sous la forme d'une colonie irrégulièrement circulaire, mal limitée sur les bords, d'un blanc grisâtre à la périphérie, légèrement jaunâtre dans la partie centrale.

Son aspect est moutonné. Elle est située un peu au-dessous de la gélatine qu'elle ne paraît pas liquéfier, mais la fluidification commence après trois jours d'ensemencement.

Son diamètre est de 0,30.

On distingue à sa surface 3 zones :

1º Zone périphérique, blanc grisâtre, de 0,05 d'épaisseur ;

2º Zone centrale, jaune foncé, de 0,03 de rayon ;

3º Zone intermédiaire, blanc jaunâtre, de 0,07 d'épaisseur. Cette colonie a été photographiée au grossissement de 34,5 D (objectif 4 de Leitz) (fig. 3 de la Pl).

L'examen des germes a été fait 72 heures après l'ensemencement. Les éléments qui composent la colonie sont des bacilles courts, environ deux à trois fois plus longs que larges, souvent réunis bout à bout au nombre de 2 à 3, oscillant autour d'un axe vertical.

Ces bacilles, généralement droits, sont quelquefois incurvés ; quelques-uns sont sporulés à l'une des extrémités.

Mensuration. — Longueur de 1,7 μ à 2,6 μ.

Largeur de 0,6 μ à 0,8 μ.

Cette colonie considérée comme une variété de la suivante n'a pas été cultivée sur milieux solides.

Colonie II. — Bacille A.

Trouvée dans le même ensemencement que la précédente, cette colonie (fig. 2 de la Pl) au lieu d'être comme la colonie I dans la profondeur est située à la surface de la gélatine qu'elle liquéfie rapidement.

A 50 heures de culture, sa forme est régulièrement circulaire, ses bords sont ciliés, et les cils partent d'un cercle continu transparent qui limite sa surface externe.

Son diamètre est de 0,67.

On y distingue 4 zones :

1° Zone externe ciliée, gris foncé, de 0,03 d'épaisseur ;

2° Anneau blanc grisâtre, de 0,01 d'épaisseur ;

3° Zone moyenne grisâtre, de 0,03 d'épaisseur ;

4° Zone circulaire centrale ciliée, jaune clair, de 0,26 de rayon.

L'examen des germes a été fait 72 heures après l'ensemencement.

Les éléments qui composent la colonie sont, comme les précédents, des bacilles courts, arrondis à leurs extrémités, environ deux à trois fois plus longs que larges, souvent sectionnés ou réunis bout à bout, oscillant autour d'un axe vertical, plus rarement incurvés que le bacille de la colonie I.

Mensuration. — Longueur de 1,7 μ à 2,6 μ.

Largeur de 0,6 μ à 0,8 μ.

La colonie, inoculée sur milieux solides, a donné les caractères suivants :

Aspect des cultures après 8 jours :

Gélatine en strie. — Liquéfaction presque complète. La gélatine est claire, au fond du tube est un dépôt gris jaunâtre constitué par la culture.

Gélatine en piqûre. — A peu près complètement liquéfiée. Au fond de la zone de liquéfaction est un dépôt gris jaunâtre à reflets légèrement roses.

Gélose en strie. — Culture blanche, brillante, peu épaisse, allant en s'amincissant du point initial de la strie au sommet du tube.

Gélose en piqûre. — A la surface, culture circulaire très peu étendue qui progresse à l'intérieur de la gélose fendue suivant la direction de la piqûre verticale.

Pommes de terre. — Culture assez épaisse, glacée, d'une belle couleur rouge brun, teinte bronze d'art.

Blanc d'œuf. — Culture d'un jaune foncé, peu étendue et peu épaisse.

Après un mois de culture, la gélatine est entièrement liquéfiée, sa surface est nette et un dépôt blanc rosé occupe le fond des tubes contenant la gélatine liquide et limpide.

Sur la gélose, les cultures sont devenues jaunâtres. Elles ont peu augmenté en surface et en épaisseur.

La culture sur pomme de terre a conservé sa couleur chair, et, en ouvrant le tube de Roux, on perçoit facilement une odeur de colle aigrie.

La culture sur blanc d'œuf a pris une teinte rougeâtre en liquéfiant une partie de l'albumine.

Cette propriété de liquéfier le blanc d'œuf paraît être une des caractéristiques du bacille A.

Si l'on compare les dimensions de ce bacille et les propriétés chromogènes de ses cultures à celles des éléments décrits dans le *Traité de Bactériologie* de M. E. Macé et l'*Analyse microbiologique des eaux* de M G. Roux, on trouve qu'il présente la plus grande analogie avec le *Bacille couleur de chair* de Tils.

Malgré sa ressemblance avec cet élément saprophyte, le bacille A a été inoculé à des lapins. Les résultats ont été négatifs.

COLONIE III. — BACILLE B.

Trouvée dans de nombreux ensemensements de l'eau des Célestins après 36 heures de culture.

Colonie circulaire, liquéfiant très rapidement la gélatine, peu épaisse, transparente, granuleuse à l'intérieur, limitée par un cercle d'où partent des filaments rayonnés ; avec ou sans cercles concentriques, de couleur blanc légèrement grisâtre,

Son diamètre est de 5 à 7 millimètres après 48 heures d'ensemencement.

Les éléments qui la composent sont des bacilles de 2,4 μ à 3 μ de long sur 0,9 μ de largeur.

Souvent ils sont réunis bout à bout et forment alors des filaments sectionnés.

Les caractères de leurs cultures sur gélatine, gélose et pommes de terre, nous permettent d'affirmer que le bacille B est celui décrit par Macé sous le nom de *Bacillus mesentericus vulgatus.*

Les propriétés de cet élément saprophyte sont trop connues pour qu'il soit utile d'en poursuivre la description.

COLONIE IV. — MICROCOQUE a.

Obtenue par ensemencement dans la gélatine des eaux de la Grande-Grille et de l'Hôpital dont le prélèvement avait été opéré à la même heure le 18 juin à 11 heures du matin.

A 50 heures de culture, cette colonie, commune le même jour aux deux sources célèbres de Vichy, se montre sous la forme d'un disque circulaire, blanc grisâtre à l'œil nu, en saillie sur la gélatine qu'elle liquéfie après trois jours.

A un grossissement de 80 D sa surface d'une teinte jaune brun paraît composée de lames plissées partant d'un cercle central plus obscur pour aboutir à la circonférence qu'elles dessinent d'une façon régulière. Son aspect est celui d'un éventail circulaire. Son diamètre est exactement de 1,263. Cette colonie a été photographiée à un grossissement de 34,5 D (objectif 4 de Leitz) (fig. 8 de la Pl).

Ces colonies assez nombreuses ce jour là n'ont pu être retrouvées un mois après dans les eaux qui nous les avaient fournies.

Une autre colonie similaire, faisant partie de la même boîte d'ensemencement, offre un diamètre de 1,08, cette deuxième colonie est composée de deux zones :

1º Zone extérieure plissée, de 0,26 d'épaisseur, dont les lames régulières et nettement séparées finissent par se confondre et sont remplacées par des rayons granuleux de même direction.

2º Zone centrale obscure d'un jaune brun, de 0,28 de rayon.

Mensuration. — Les éléments qui la composent sont des micrococoques de 1 μ à 1,25 μ de diamètre.

Photographiés au grossissement de 320 D (Obj. im. eau n° 10 de Leitz) (fig. 7 de la Pl.)

Aspect des cultures après 8 jours :

Gélatine en strie. — Liquéfaction assez rapide.

Gélatine en piqûre. — Liquéfaction en forme d'entonnoir très évasé.

Gélose en strie. — Culture blanche, peu étendue, peu épaisse.

Gélose en piqûre. — Même aspect que la précédente, se développe peu en profondeur.

Pommes de terre. — Culture sèche, épaisse, mamelonnée, d'un blanc légèrement jaunâtre, limitée à la strie d'inoculation.

Blanc d'œuf. — Culture peu étendue, d'un blanc jaunâtre.

Après 1 mois, la liquéfaction de la gélatine est à peu près complète, les cultures sur gélose n'ont pas changé, mais sur pommes de terre la culture a pris une teinte café au lait clair ; elle est devenue plus épaisse et elle porte une crête saillante.

Sur blanc d'œuf, sa couleur est blanc jaunâtre. Sa surface est continue, crémeuse et grêle.

Comme caractères de colonies et de cultures cet élément ne ressemble à aucun de ceux décrits dans Macé.

Colonie V. — Microcoque b.

Obtenue par ensemencement de l'eau de la Grande-Grille dans le prélèvement du 18 juin. Abonde dans toutes les autres sources.

Cette colonie, de forme irrégulièrement circulaire, paraît formée d'une série de calottes de sphère s'entrecoupant sur les bords, blanche à l'œil nu, jaunâtre par transparence vue au microscope. (fig. 5, A de la Pl.)

Son diamètre est de 0,40.

Elle pousse dans la profondeur de la gélatine, ce qui indiquerait qu'elle renferme un anaérobie facultatif, et sa surface augmente peu.

Les micro-organismes qui la composent sont des microcoques souvent accouplés, quelques-uns accolés et comprimés à la façon de deux grains de café.

Mensuration. — Leur diamètre est de 1 μ. à 1,2 μ.

Aspect des cultures après 8 jours :

Gélatine en strie. — Culture sèche, peu étendue, peu épaisse, d'un blanc jaunâtre, transparente, ne liquéfiant pas.

Gélatine en piqûre. — Développement en surface très peu étendu, la culture ne paraît pas progresser à l'intérieur de la gélatine.

Gélose en strie. — Culture plus étendue et plus épaisse que sur gélatine, d'un blanc grisâtre, à reflets brillants comme si elle était humide et visqueuse.

Gélose en piqûre. — Culture épaisse occupant à peu près toute la surface de section du milieu. Paraît progresser lentement à l'intérieur en forme de grappe.

Pommes de terre. — Culture gris sale, peu épaisse, peu étendue, n'offrant aucun caractère particulier.

Blanc d'œuf. — Culture limitée à la strie, très légèrement jaunâtre, ressortant peu sur la blancheur du milieu.

Après un mois, les cultures sur gélatine et gélose n'ont pas changé, celles sur pommes de terre et blanc d'œuf n'ont pas augmenté en surface et leurs caractères sont les mêmes.

Espèce indéterminée.

COLONIE VI. — BACILLE C.

Trouvée dans un ensemencement de l'eau de l'Hôpital dont le prélèvement a été fait à la vasque le 25 juin.

A 50 heures de culture, cette colonie a la forme d'un disque blanc grisâtre, en saillie sur la gélatine qu'elle ne paraît pas liquéfier. Son diamètre est de 1,24.

A un faible grossissement, elle est composée de deux zones circulaires concentriques limitées par des cercles étroits légèrement ciliés.

La zone extérieure grisâtre a 0,18 d'épaisseur.

La zone centrale jaunâtre a 0,44 de rayon.

Cette colonie a été photographiée le 27 juin au grossissement de 22 D (obj. 2 de Leitz) (fig. 11 de la Pl.)

Les micro-organismes qu'elle renferme sont des bacilles, droits, très mobiles, réunis souvent deux à deux et bout à bout, se colorant bien par le bleu de méthylène.

Mensuration. — Longueur 1,5 µ à 2,4 µ.

Largeur 0,4 µ à 0,5 µ.

Aspect des cultures après 8 jours :

Gélatine en strie. — Culture d'un blanc grisâtre creusant la gélatine qu'elle liquéfie lentement.

Gélatine en piqûre. — La culture ne produit pas jusqu'à ce jour de liquéfaction apparente ; se développe lentement à l'intérieur de la gélatine.

Gélose en stric. — La culture se développe rapidement et ne liquéfie pas le milieu.

Gélose en piqûre. — Mêmes caractères.

Pomme de terre. — La culture d'un jaune clair est peu étendue et ne dépasse guère la strie d'inoculation.

Blanc d'œuf. — La culture peu développée a une teinte d'un jaune huileux.

Après un mois, la gélatine oblique est presque complètement liquéfiée, tandis que la droite l'est peu et montre dans son intérieur la progression de la culture en chapelets.

Sur gélose oblique, le développement est considérable en surface et en profondeur. Sur gélose droite, la culture en surface est en étoile irrégulière et progresse lentement en chapelet à l'intérieur du milieu.

Sur pomme de terre, la culture ne s'est pas étendue et a pris une teinte jaune brun.

COLONIE VII. — BACILLE D.

Trouvée dans un ensemencement de l'eau de l'Hôpital dont le prélèvement avait été fait à la vasque le 2 Juillet.

Après 50 heures de culture, la colonie se montre à l'œil nu sous la forme d'un disque circulaire d'un blanc grisâtre, laiteux, semblable à de l'empois d'amidon. Elle creuse la gélatine qu'elle liquéfie rapidement. Son Diamètre est de 0,82.

Examinée à un faible grossissement, elle paraît formée de deux zones distinctes, limitées par des cercles réguliers concentriques :

1º Zone interne, d'un jaune brun, de 0,26 de rayon ;

2º Zone externe, virgulée, d'un blanc grisâtre, de 0,15 d'épaisseur.

Les éléments qui la composent sont des bacilles trapus, environ deux fois plus longs que larges, souvent réunis bout à bout, comme sectionnés.

Mensuration. — Leur longueur est de 1,7 μ à 1,8 μ.

Leur largeur est de 0,5 μ à 0,8 μ.

Aspect des cultures après 8 jours :

Gélatine en strie. — Liquéfaction complète, culture à la surface.

Gélatine en piqûre. — Mêmes caractères.

Gélose en strie. — Culture très étendue, ondulée sur les bords, de couleur blanc grisâtre.

Gélose en piqûre. — Très étendue à la surface, se développe en forme de grappe à l'intérieur.

Pommes de terre. — Ligne de la strie jaune verdâtre.

Blanc d'œuf. — Développement assez considérable, d'un jaune rougeâtre.

Après un mois, la culture sur gélose est devenue d'un rouge brun brillant.

COLONIE VIII. — MICROCOQUE c.

Trouvée dans un ensemencement de l'eau de l'Hôpital, dont le prélèvement a été fait le 30 Juin, à 11 heures du matin.

Colonie superficielle, d'un blanc grisâtre à l'œil nu, sensiblement circulaire, de 0,68 de Diamètre (fig. 6 de la Pl.)

A un faible grossissement, elle est composée de deux zones distinctes :

1o Zone interne, circulaire, petite, jaunâtre, granuleuse, de 0,08 de rayon ;

2o Zone externe, grisâtre, gauffrée, de 0,26 d'épaisseur.

Les éléments qu'elle contient sont des micrococques presque toujours réunis deux à deux, mais soudés sans compression.

Mensuration. — Leur diamètre est de 0,6 μ à 0,9 μ.

Aspect des cultures après 8 jours :

Gélatine en strie. — La culture a très peu de développement, elle est peu épaisse, glacée, sèche et dure à détacher de la gélatine. Sa couleur est jaunâtre.

Gélatine en piqûre. — Développement à la surface, peu étendu, à forme circulaire, ne progressant pas à l'intérieur.

Gélose en strie. — Culture plus étendue que sur gélatine, mais cornée et élastique comme la précédente.

Gélose en piqûre. — Mêmes caractères.

Pomme de terre. — Développement assez considérable. Culture d'un jaune sale, gauffrée, assez épaisse.

Blanc d'œuf. — Culture peu étendue, d'un jaune sale, comme sur pomme de terre.

Après un mois, les cultures sur gélatine et gélose n'ont pas changé; leur développement et leurs caractères sont restés les mêmes. On remarque dans la gélatine en piqûre une progression très faible à l'intérieur.

COLONIE IX. — DIPLOCOQUE α.

Trouvée par ensemencement de toutes les eaux minérales du bassin de Vichy.

Petite colonie, irrégulièrement circulaire, formée de segments elliptiques et onduleux partant du centre mais n'aboutissant pas tous à la circonférence, dont l'ensemble dessine assez bien la corolle d'une fleur à pétales doubles.

Ces colonies sont situées en profondeur de la gélatine. Leur diamètre constant est de 0,3 à 0,4. Les segments piriformes ont 0,04 à 0,06 de largeur, sur 0,08 de longueur.

Les éléments qui les composent sont de vrais diplocoques ayant la forme de bacilles courts divisés par moitié.

Leur longueur est de 1,88 μ.

Leur largeur est de 0,6 μ à 0,8 μ.

Ces diplocoques ne sont pas composés d'éléments ronds comme les microcoques accouplés, mais, par leur forme allongée, ils doivent être rangés dans les bacilles courts segmentés ou les diplocoques.

Aspect des cultures après 8 jours :

Gélatine en strie. — Culture très peu étendue, mince, sèche, terne, de couleur jaunâtre avec légère fluorescence verdâtre, finement ondulée sur les bords, d'une consistance granuleuse. Elle s'étend au delà de ses bords sous forme d'un voile ridant la surface de la gélatine qui paraît louchir sous son action.

Gélatine en piqûre. Mêmes caractères que la précédente. Absence totale de liquéfaction.

Gélose en strie. — Culture plus épaisse que sur glatine, mais conservant cet aspect granuleux.

Gélose en piqûre. — Développement en surface assez considérable. Culture humide et granuleuse.

Pomme de terre. — Culture sèche, granuleuse, très peu apparente.

Blanc d'œuf. — Culture blanc jaunâtre, légèrement granuleuse, assez épaisse.

Après un mois, l'aspect des cultures est resté le même, le sommet de la gélatine est plus voilé qu'après 8 jours. La progression est faible dans la gélatine en piqûre.

Cette colonie, par ses cultures et un peu par la forme de ses micro-organismes, nous avait paru être une variété de la colonie V, mais l'aspect lisse des cultures de cette dernière semble les différencier.

Colonie X. — Microcoque d.

Trouvée dans un ensemencement de l'eau de la Grande-Grille dont le prélèvement a été opéré le 1er juillet, à 11 heures.

Colonie à reflets bleuâtres, cornée, difficile à détacher de la gélatine sur laquelle elle est en saillie. Semblable à de l'empois, plus épaisse au centre que vers les bords. Couleur blanc jaunâtre.

A un faible grossissement, sa surface est réticulée, montagneuse, à reflets brillants ; ses contours sont obscurs. Diamètre 1,50 (fig. 4 de la Pl.)

Formée de deux zones circulaires concentriques :

1° Zone centrale, de 0,08 de rayon ;

2° Zone externe, montagneuse, de 0,67 d'épaisseur.

Les éléments qui la composent sont des microcoques sphériques, souvent réunis, de 0,9 μ à 1,2 μ de diamètre.

Cultures après 8 jours :

Gélatine en strie. — Liquéfaction assez lente avec formation d'un dépôt grisâtre à la surface de la gélatine.

Gélatine en piqûre. — Liquéfaction lente avec dépôt à la surface. La partie liquéfiée est trouble.

Gélose en strie. Culture assez épaisse, d'un blanc rosé. La couche de gélose, sur laquelle s'appuie la culture, prend peu à peu, par diffusion et en restant limpide, une belle teinte rouge groseille.

Gélose en piqûre. — Culture présentant la même teinte, mais avec production faible de matière colorante.

Pomme de terre. — Culture peu épaisse, d'un blanc rosé au sommet de la strie, jaune grisâtre à sa base.

Blanc d'œuf. — Couleur jaune serin.

Après un mois, les cultures sur gélatine progressent avec liquéfaction du milieu. La gélatine liquéfiée a une couleur rougeâtre ; au fond se trouve un dépôt blanc jaunâtre.

La gélose a perdu sa couleur rouge groseille qui est remplacée par une teinte rouge vineux. La culture est très développée, sa surface est grossièrement granuleuse, ses bords sont découpés.

Sur pomme de terre et blanc d'œuf, les caractères sont restés à peu près les mêmes.

COLONIE XI. — MICROCOQUE e.

Trouvée par ensemencement de l'eau de la Grande-Grille dont le prélèvement a été fait le 16 juillet, à 11 heures.

Colonie circulaire, transparente, blanche à l'œil nu, semblable à une tache ou à une légère moisissure.

A un faible grossissemement, sa teinte est grisâtre. Sa surface est granuleuse, nettement limitée par un cercle épais légèrement cilié. Elle creuse rapidement la gélatine et s'agrandit au point de rendre toute mensuration impossible. Son diamètre est de 2^{mm}08.

Composée de deux zones circulaires concentriques :

1° Cercle central gris foncé, de 0,55 de rayon ;

2° Zone externe transparente, granuleuse, de 0,49 d'épaisseur.

Les éléments dont elle est composée sont intermédiaires entre le bacille et le microcoque. Ils sont assez souvent sectionnés et prennent alors l'aspect de vrais diplocoques. Leur grandeur est variable.

Simples et sans sectionnement, ils ont 1,28 μ à 1,92 μ de long sur 0,6 μ à 0,9 μ de long.

Cultures après 8 jours :

Gélatine en strie. Liquéfaction très lente. La culture paraît rester stationnaire ; au fond du godet de liquéfaction il existe un dépôt nuageux blanc grisâtre. La gélatine liquéfiée est absolument limpide.

Gélatine en piqûre. — Très faible liquéfaction, pas de culture à la surface, mais progression lente à l'intérieur.

Gélose en strie. — Culture très peu développée, presque invisible.

Gélose en piqûre. — Rien à la surface, culture peu développée à l'intérieur.

Pomme de terre et blanc d'œuf. — Rien.

Après un mois, la gélatine oblique est un peu plus liquéfiée, les autres milieux sont restés ce qu'ils étaient après 8 jours.

COLONIE XII. — MICROCOQUE f.

Trouvée dans l'ensemencement de l'eau de l'Hôpital dont le prélèvement a été fait à la vasque le 25 juillet, à 11 heures.

Cette colonie est très abondante lorsqu'on a eu soin de laisser reposer l'eau 12 heures avant de l'ensemencer. Elle se présente sous forme d'un disque circulaire blanc grisâtre dont la caractéristique à l'œil nu paraît être une fluorescence bleuâtre qui apparaît surtout à la flamme d'une lampe à pétrole. Elle ne liquéfie pas la gélatine (fig. 9 de la Pl.)

A un faible grossissement, elle offre une structure rayonnée. Son diamètre est de 0,50 à 0,75.

On y distingue en général 2 zones :

1º Pour les colonies à 0,50 de D, la zone centrale granuleuse a 0,02 de rayon, la zone extérieure rayonnée 0,23 d'épaisseur ;

2º Pour les colonies à 0,75 de D, la zone centrale est plus petite, son rayon est seulement de 0,008, et la zone radiée a 0,37 d'épaisseur.

Les éléments sont des microcoques, souvent réunis 2 à 2, de 1,2 µ à 1,4 µ de D.

Cultures après 8 jours :

Gélatine en strie. — Culture assez large à la base de la strie, allant en diminuant jusqu'au sommet, rubanée, divisée, terne, ciliée finement sur les bords, difficile à détacher de la gélatine qu'elle ne liquéfie pas. Au delà de la culture, la gélatine se couvre d'un voile peu épais qui lui donne une apparence louche sur les bords.

Gélatine en piqûre. — Mêmes caractères, la culture ne progresse pas à l'intérieur du milieu.

Gélose en strie. — Culture assez épaisse, brillante comme si elle était humide, de consistance granuleuse.

Gélose en piqûre. — Développement à la surface, semblable au précédent, la culture ne progresse pas à l'intérieur.

Pomme de terre. — Culture d'un jaune brun sale assez étendue, mais peu épaisse.

Blanc d'œuf. — Culture blanche, ressortant à peine sur le milieu qui la supporte.

Après 1 mois les cultures sur gélatine n'ont pas changé, le voile a augmenté sur les bords de la gélatine qui sont devenus opaques.

Sur gélose, la culture est devenue un peu plus épaisse en conservant ses caractères.

Sur pomme de terre, la culture s'est desséchée en laissant une boursouflure brune couverte d'efflorescences d'un jaune foncé.

Cette colonie présente par ses cultures et la forme de ses micro-organismes la plus grande analogie avec la colonie V.

Sa photographie a été faite au grossissement de 22 D, (Obj. 2 de Leitz).

Colonie XIII. — Bacille E.

Trouvée dans un ensemencement de l'eau des Célestins dont le prélèvement a été fait au robinet de la buvette le 2 août, à 11 heures du matin.

Colonie irrégulièrement circulaire, blanche à l'œil nu, creusant la gélatine qu'elle liquéfie lentement.

Son diamètre est de 1,05.

A un faible grossissement, sa surface est composée de 2 zones mal limitées, nébuleuses.

1o Zone centrale, obscure, d'un gris noir, sans détails, de 0,32 de rayon.

2o Zone externe, nuageuse, transparente, gris clair, de 0,20 d'épaisseur.

Les éléments qu'elle renferme sont de gros bacilles réunis bout à bout, en chaînes incurvées comme des gousses de haricots. Ces bacilles paraissent sectionnés et sporulés à l'une des extrémités.

Leur longueur est de 2,75 µ sur 1,5 µ de large.

Cultures après 8 jours :

Gélatine en strie. — Culture peu étendue, liquéfiant lentement la gélatine.

Gélatine en piqûre. — Liquéfaction très lente autour de la piqûre, se produisant en forme d'entonnoir.

Gélose en strie. — Culture peu développée, ne dépassant guère la strie d'inoculation.

Gélose en piqûre. — Mêmes caractères.

Pomme de terre. — Culture blanc grisâtre, épaisse, couvrant toute la surface du côté ensemencé.

Blanc d'œuf. — Culture peu étendue sans caractère chromogène.

Après un mois, la liquéfaction de la gélatine est peu avancée, à la surface du godet de liquéfaction nage un dépôt grisâtre assez épais.

Colonie XIV. — Microcoque g.

Trouvée dans l'eau de Saint-Yorre ensemencée le 3 août après 12 heures d'embouteillage.

Après 50 heures, cette colonie se présente sous la forme d'un disque blanc jaunâtre de 0,50 à 0, 60 de diamètre ; elle liquéfie la gélatine après 3 jours.

A un faible grossissement sa surface est divisée en lobes plus ou moins profonds et se compose de 2 zones circulaires légèrement excentriques.

1° Zone interne lobée, d'un jaune foncé, festonnée sur les bords, de 0,15 de rayon ;

2° Zone externe chagrinée, d'un jaune plus pâle, mal limitée, de 0,10 d'épaisseur.

Les éléments qu'elle contient sont intermédiaires entre les microcoques et les bacilles.

Leur longueur est de 1,8 μ à 2 μ.

Leur largeur est de 0,8 μ à 0,9 μ.

Cultures après 8 jours :

Gélatine en strie. — Liquéfaction assez rapide. Au fond de la gélatine liquéfiée, transparente, est un dépôt blanc rosé. La surface de la gélatine paraît avoir une teinte rouge.

Gélatine en piqûre. — Liquéfaction plus lente, mais s'étendant jusqu'aux parois du tube de culture.

Même dépôt, même couleur de la surface du milieu liquéfié.

Gélose en strie. — Culture très épaisse, brun rougeâtre à la base, c'est-à-dire au point initial de la strie, et bleuâtre au sommet.

La gélose reste transparente au-dessous de la culture mais se colore, par une sorte de diffusion, en bleu indigo. Cette coloration paraît très fugace ; après quelques jours elle se modifie et passe au jaune orange.

Gélose en piqûre. — La surface est recouverte d'une couche assez épaisse de culture jaune avec quelques points bleuâtres. La teinte observée sur gélatine oblique ne se produit pas.

Pomme de terre. — Culture très épaisse, d'une belle couleur jaune serin.

Blanc d'œuf. — Coloration jaune le long de la strie d'inoculation.

Après 1 mois, la gélatine oblique est limpide et complètement liquéfiée, au fond du tube est un dépôt jaune légèrement rosé. La gélatine droite est liquéfiée à la moitié de sa hauteur, et le dépôt repose sur la gélatine non altérée.

Les cultures sur gélose ont une couleur jaune sale à reflets verdàtres, avec quelques points bleuâtres. Sur pomme de terre la culture s'est encore épaissie, sans changer de teinte.

Colonie XV. — Microcoque h.

Trouvée plusieurs fois dans un ensemencement de l'eau de la Grande-Grille dont le prélèvement a été fait à la vasque le 20 août, à 8 h. du matin.

Cette colonie blanc grisàtre, circulaire à l'œil nu, présente, à un faible grossissement, une structure segmentée ; les bords de sa surface sont déchiquetés. Son diamètre est de 0,90, mais il augmente très rapidement d'un jour à l'autre.

Les éléments qui la composent sont des microcoques souvent réunis 2 à 2, de grosseur variable. Leur diamètre varie de 0,8 μ à 1,2 μ.

Les cultures ont été faites seulement sur gélatine en strie et en profondeur et sur pomme de terre.

Gélatine en strie. — Culture blanche, brillante, continue, lisse, ne produisant pas de liquéfaction.

Gélatine en piqûre. — Développement à la surface présentant les mêmes caractères que le précédent.

Pomme de terre. — Culture assez épaisse, mamelonnée, d'un gris jaunàtre sale.

Après un mois, les cultures sur gélatine ont augmenté en surface et en épaisseur, mais la progression à l'intérieur est faible. Sur pomme de terre la culture se dessèche et présente à sa surface des efflorescences d'un blanc grisâtre.

Colonie XVI. — Microcoque i.

Trouvée dans un ensemencement de l'eau des Célestins dont le prélèvement a été fait le 5 août.

Colonie circulaire d'un blanc grisâtre, en saillie sur la gélatine qu'elle ne liquéfie pas.

Son diamètre est de 1^{mm}3.

A un faible grossissement, elle se montre formée de 2 zones circulaires concentriques :

1º Zone centrale claire, au milieu de laquelle est une rosace assez finement dessinée. Son rayon est de 0,17 et celui de la rosace est de 0,11 ;

2º Zone externe, granuleuse, irrégulière, de 0,48 d'épaisseur.

Les éléments qu'elle renferme sont des microcoques souvent accouplés, de 0,9 μ à 1 μ de diamètre.

Aspect des cultures après 8 jours :

Gélatine en strie. — Culture blanche, mate, peu épaisse, ondulée sur les bords, à reflets irisés, non liquéfiante.

Gélatine en piqûre. — Développement limité à la surface. La culture paraît ne pas progresser à l'intérieur de la gélatine.

Gélose en strie. — Culture épaisse, d'un blanc jaunâtre, brillante, de consistance granuleuse.

Gélose en piqûre. — Mêmes caractères que la précédente.

Pomme de terre. — Culture gauffrée, épaisse, étendue, couleur chamois clair.

Blanc d'œuf. — Colonie d'un blanc jaunâtre, peu étendue.

Après un mois, les cultures sur gélatine émettent de leurs bords des prolongements en forme d'aiguilles arborescentes pénétrant dans l'intérieur de la gélatine ; en même temps la gélatine louchit. Les autres cultures n'ont pas changé.

Colonie XVII. — Microcoque j.

Obtenue par ensemencement de l'eau de la Grande-Grille dont le prélèvement a été fait le 5 août, 11 h.

Après 50 heures de culture, petite colonie blanche à l'œil nu, épaisse, brillante, irrégulièrement circulaire, de 0,3 à 0,4 de diamètre, ne liquéfiant pas la gélatine.

A un faible grossissement, sa surface externe est grisâtre, son centre d'un jaune brun. Très réfringente ; ses bords paraissent garnis de hâchures.

Les éléments qu'elle contient sont de gros cocci immobiles, parfaitement sphériques, dont le diamètre varie.

Les plus gros ont 3 μ.

Les plus petits 1,2 μ.

Les moyens 1,8 μ.

Cultures après 8 jours :

Gélatine en strie. — Belle culture d'un blanc brillant se développant, suivant la strie, en chapelets dont les grains finissent par se souder pour former un ruban continu ondulé sur les bords, assez semblable à de la stéarine qui aurait coulé et se serait refroidie à la surface de la gélatine. Ne liquéfie pas.

Gélatine en piqûre. — Culture peu développée en surface, circulaire, ondulée, ne progressant pas à l'intérieur de la gélatine.

Gélose en strie. — Développement plus considérable que sur gélatine, culture plus épaisse, de même couleur, lisse à la surface, légèrement ondulée sur les bords, et portant suivant la direction de la strie une crête qui la domine.

Gélose en piqûre. — Culture mamelonnée, développée à la surface seulement.

Pomme de terre. — Culture sèche, d'un blanc mat, mamelonnée, peu étendue, à odeur de levûre fraîche.

Blanc d'œuf. — Ligne blanche, très peu apparente sur le milieu qui la supporte.

Après un mois, les cultures sur gélatine présentent les mêmes caractères ; sur gélose, le développement a progressé à la surface ; sur pomme de terre, il s'est formé à la surface des mamelons des efflorescences blanches granuleuses.

Cette culture a été délayée dans une solution stérilisée d'urée afin de nous assurer si ce n'était pas le *micrococcus urex*, car le caractère de ses cultures, les dimensions de ses micro-organismes semblent plutôt le rapprocher du *micrococcus candicans* de Flügge. La fermentation ammoniacale de l'urée ne s'est pas produite.

Colonie XVIII. — Diplocoque β.

Obtenue par ensemencement de l'eau de la Grande-Grille dont le prélèvement a été fait le 5 août, à 11 heures.

Après 50 heures, colonie blanche à l'œil nu, irrégulièrement circulaire, en surface sur la gélatine qu'elle ne paraît pas liquéfier. Son diamètre est de 0,4 à 0,5.

A un faible grossissement, sa surface est homogène, de couleur brune.

Les éléments qui la composent sont des diplocoques en tétrades superposées les unes aux autres, au nombre de 3 à 6, en formant des paquets cubiques. La pression de l'ongle sur la préparation résout ces masses en diplocoques vrais, de forme ovalaire, présentant l'aspect de grains de café accolés et comprimés, réunis 2 à 2, de façon à donner de véritables tétrades.

Ces éléments composés ont 2,2 μ de longueur sur 1,8 μ de largeur.

Cultures après 8 jours :

Gélatine en strie. — Liquéfaction lente, au fond de la gélatine limpide se forme un dépôt blanc jaunâtre.

Gélatine en piqûre. — Mêmes caractères, la liquéfaction se fait d'une façon uniforme dans le tube de culture.

Gélose en strie. — Culture jaune cireux, peu étendue, peu épaisse, visqueuse.

Gélose en piqûre. — Développement en surface, en forme de trèfle ; la culture ne paraît pas progresser à l'intérieur du milieu.

Pomme de terre. — Rien.

Blanc d'œuf. — Trace jaunâtre, suivant la strie d'inoculation.

Après un mois, la liquéfaction de la gélatine est avancée, mais elle est loin d'être complète.

Les cultures sur gélose sont plus épaisses, mais n'ont pas gagné en étendue.

COLONIE XIX. — BACILLE F.

Trouvée dans l'ensemencement de l'eau des Célestins, dont le prélèvement a été fait à la buvette le 6 août, 11 h.

Colonie blanc grisâtre à l'œil nu, brillante, régulièrement circulaire. Son diamètre est de 0,4. Elle ne liquéfie pas la gélatine.

A un faible grosssissement, sa surface est finement pointillée, sa couleur est jaune.

Les éléments qu'elle renferme sont des bacilles de 2,4 μ de long sur 0,5 μ à 0,6 μ de large, peu mobiles et se colorant mal au bleu de méthylène.

Cultures après 8 jours :

Gélatine en strie. — Culture blanc grisâtre, peu épaisse, non liquéfiante, brillante, rubanée à la surface, ondulée sur les bords d'où partent de petits prolongements arborescents ou terminés en massues.

Gélatine en piqûre. — Développement régulier, circulaire, de la circonférence partent des prolongements semblables aux précédents. La progression à l'intérieur de la gélatine est lente.

Gélose en strie. — Culture peu épaisse, limitée à la strie d'inoculation.

Gélose en piqûre.— Culture en surface, peu étendue, rayonnée, l'extrémité des rayons porte de petites masses granuleuses d'un blanc grisâtre.

Pomme de terre. — Culture couleur violet sale, assez épaisse.

Blanc d'œuf. — Culture assez épaisse, d'un blanc laiteux.

Après 1 mois, les cultures sur gélatine ont peu changé, les pédoncules arborescents ou en massue ont augmenté et quelques-uns pénè'rent dans le milieu sous-jacent. Sur gélose, le développement reste stationnaire. La culture sur pomme de terre renferme des points jaunâtres.

Colonie XX. — Diplocoque γ.

Trouvée dans un ensemencement de l'eau de la source Lardy dont le prélévement a été fait au robinet le 12 août, à 11 h.

Après 50 heures, grosse colonie, gris jaunâtre, irrégulièrement circulaire, en surface sur la gélatine qu'elle ne liquéfie pas, de 2 mm environ de diamètre. Son aspect est celui de la graisse figée.

A un faible grossissement, sa surface est composée de 3 zones concentriques :

1o Zone centrale jaunâtre, petite, chagrinée, de 0,11 de rayon;

2o Zone externe, blanc grisâtre, de 0,10 d'épaisseur, formant un anneau autour de la colonie ;

3o Zone intermédiaire blanc jaunâtre, de 0,78 d'épaisseur.

Les éléments qui la composent sont de vrais diplocoques de $2,2\,\mu$ de long sur $1,2\,\mu$ de large, excessivement mobiles et se colorant bien au bleu de méthylène.

Cultures après 8 jours :

Gélatine en strie. — Culture peu épaisse, blanche, développée en tête de clou, louchissant et voilant la gélatine, mais ne la liquéfiant pas, émettant des prolongements arborescents.

Gélatine en piqûre. — Développement à la surface, circulaire, peu étendu, ne progressant pas à l'intérieur de la gélatine.

Gélose en strie. — Culture blanc jaunâtre, assez épaisse, mais limitée à la strie d'inoculation.

Gélose en piqûre. — Développement en surface, assez étendu, culture ondulée et ciliée sur les bords.

Pomme de terre. — Culture très peu développée, d'un gris légèrement jaunâtre.

Blanc d'œuf. — Culture assez épaisse, d'un jaune crémeux.

Après 1 mois, les cultures sur gélatine n'ont pas augmenté en étendue, mais le milieu est pénétré par un louche qui rend la gélatine opaque. La surface du milieu est entièrement recouverte d'un voile qui s'étend jusque sur les bords du tube de culture.

Sur gélose, il n'y a pas de changement.

Sur pomme de terre, la culture a presque disparu.

COLONIE XXI. — DIPLOCOQUE δ.

Obtenue par ensemencement de l'eau de Saint-Yorre, dont le prélèvement a été opéré le 5 août.

Colonie d'un blanc mat, circulaire, de $0^{mm}7$ de diamètre. A un faible grossissement, elle est d'un jaune grisâtre, à surface homogène, finement granuleuse. Elle ne liquéfie pas la gélatine.

Les éléments qui la composent sont des diplocoques de $1,8 \mu$ de long sur $1,2 \mu$ de large, en tétrades.

Cultures après 8 jours :

Gélatine en strie. — Culture blanche, peu épaisse, ne liquéfiant pas la gélatine, rubanée, ondulée sur les bords.

Gélatine en piqûre. — Culture en surface, circulaire, progressant légèrement à l'intérieur du milieu.

Pomme de terre. — Culture sèche, blanc grisâtre, mamelonnée avec des efflorescences blanchâtres à la surface.

Blanc d'œuf. — Culture jaune citrin.

Après un mois, les cultures sur gélatine prennent une couleur jaune au milieu de leur surface et se rident légèrement. La culture sur pomme de terre prend un reflet rosé.

COLONIE XXII. — BACILLE G.

Trouvée dans un ensemencement de l'eau de la Grande-Grille dont le prélèvement a été fait à la vasque le 20 août.

Colonie transparente, d'un blanc grisâtre, finement granuleuse à sa surface, fortement ciliée sur les bords, assez semblable à l'œil nu à des moisissures ; forme peu à peu à la surface de la gélatine un voile transparent qui s'étend de plus en plus en transformant la gélatine en une sorte d'empois.

Les éléments qui la composent sont des bacilles grêles, droits ou incurvés, souvent réunis bout à bout, de $2,2 \mu$ à $3,3 \mu$ de long sur $0,6 \mu$ de large.

Cultures après 15 jours :

Gélatine en strie. — Culture peu épaisse, brillante, non liquéfiante, avec de fineséchancrures sur les bords qui la font ressem-
bler à une arête de poisson.

Gélatine en piqûre. — Culture en surface, peu étendue, peu
épaisse, avec les mêmes échancrures sur les bords.

La colonie ne progresse pas dans l'intérieur de la gélatine.

Pomme de terre. — Au bout de 25 jours, la pomme de terre
ne donne pas de caractères saillants.

COLONIE XXIII. — BACILLE H.

Trouvée dans l'ensemencement de l'eau de la Grande-Grille
dont le prélèvement a été fait le 20 août.

Colonie peu épaisse, transparente, d'un gris légèrement jaunâtre, de 0,7 de diamètre, composée de deux zones distinctes par
leur aspect et leur couleur, mais non limitées par des cercles :

Zone interne grossièrement granuleuse, de 0,24 de rayon ;

Zone externe finement virgulée, de 0,11 d'épaisseur.

Cette colonie est située dans la profondeur de la gélatine
qu'elle liquéfie lentement.

Les éléments qui la composent sont des bacilles grêles de 1,8 µ.
à 2,2 µ de long sur 0,5 µ de largeur.

Cultures après 15 jours :

Gélatine en strie. — Liquéfaction lente. Au fond du godet de
liquéfaction est un précipité blanc. A la surface de la gélatine on
voit un dépôt de même couleur.

Gélatine en piqûre. — La liquéfaction est très lente. La culture est assez développée en surface et on ne voit aucune progression dans la gélatine.

Pomme de terre. — Culture jaune brun.

CONSIDÉRATIONS GÉNÉRALES SUR LA MORPHOLOGIE DES MICROBES DES EAUX MINÉRALES DE VICHY

Les micro-organismes que l'on rencontre dans les eaux minérales à leur émergence doivent être rapportés à trois types bien distincts :

1o Le genre *microcoque*, qui nous a servi à caractériser tous les éléments de forme sphérique, qu'ils soient isolés, réunis deux à deux ou en plus grand nombre.

2o Le genre *bacille*, que nous avons employé pour définir tout élément de forme allongée, cylindrique, droit ou incurvé, entier ou sectionné.

3o Le genre *diplocoque*, par lequel nous avons qualifié spécialement les éléments de forme hémisphérique, accolés l'un à l'autre à la façon de deux grains de café.

Il nous a paru utile d'établir cette troisième division pour faciliter les recherches de détermination des espèces, et différencier nettement les microcoques, très souvent réunis deux à deux, des diplocoques tels que nous les avons définis. Il arrive, en effet, que certains auteurs, par suite d'une disposition spéciale et pour ainsi dire constante qu'affectent dans une préparation les éléments sphériques, donnent le nom impropre de diplocoques à des microcoques simplement accolés et dont le rapprochement purement accidentel a lieu sans aucune compression.

Ces trois formes se retrouvent dans les cultures obtenues par inoculations en stries ou en profondeur des différents milieux solides employés. Le polymorphisme que l'on observe alors se rattache seulement aux dimensions de l'élément et n'est pas le résultat d'un changement de forme de l'élément primitivement reconnu dans la colonie à laquelle il a donné naissance. Nous avons pu nous assurer, par l'examen microscopique des cultures, que le microcoque augmente ou diminue en diamètre, que le bacille s'allonge et s'amincit et que le diplocoque ne cesse pas d'être lui-même, mais, contrairement à certains observateurs qui se sont occupés de la morphologie des germes de l'eau de Vichy, nous n'avons jamais constaté le passage d'une forme à l'autre ; toujours le micro-organisme étudié dans sa colonie a été reconnu dans ses cultures, moins les dimensions qu'il présentait dans son examen préliminaire.

Les *microcoques* étudiés dans les divers ensemencements des eaux minérales chaudes, tièdes et froides, ont généralement un diamètre de 1 µ. à 1,2 p. Les plus petits que nous avons rencontrés avaient 0,6 µ. de diamètre, les plus gros 3 µ., mais ces derniers sont très rares.

Dans le genre *bacille* les dimensions varient peu également. Leur longueur moyenne est d'environ 1,8 µ. à 2 2 µ. sur 1 µ. de large. Les plus petits avaient 1,5 µ. de long sur 0,5 µ. de large, les plus gros 2,8 µ. sur 1,5 µ. de large. Beaucoup de ces éléments sont sectionnés, quelques-uns sporulés.

Dans le groupe *diplocoque*, les mensurations indiquent des résultats analogues. Lorsque le diplocoque est isolé, sa longueur est de 2,2 µ. sur 1 µ. de large ; en tétrades, sa longueur est la même et sa largeur est de 1,8 µ. à 2 µ. Dans les cultures, la disposition en tétrades disparaît et l'on n'observe plus que l'élément diplocoque ; il en est de même dans une préparation faite avec la colonie elle-même, lorsqu'on a eu soin, avant de l'examiner au microscope, d'écraser la préparation en frottant avec l'ongle sur la lamelle couvre-objet. La réunion de diplocoques en tétrades ou en masses cubiques ne présente donc, au point de vue de la détermination de l'élément, qu'une importance secondaire, puisque cette disposition paraît subordonnée à un artifice de préparation.

L'examen des différents micro-organismes a été fait en diluant une parcelle de culture dans une solution aqueuse de bleu de Méthylène. Les caractères tirés de l'affinité de tel ou tel microbe pour les colorants artificiels, offrant, à de rares exceptions près, un moyen insuffisant pour leur détermination, nous avons employé le bleu de Méthylène, à l'exclusion des autres réactifs colorants, à cause de la faculté qu'il possède de les colorer à peu près tous et d'en rendre l'observation plus facile.

Les caractères tirés de la mobilité nous ont paru tout aussi illusoires, car cette propriété dépend beaucoup de l'état d'agglomération des bacilles ou microcoques dans la colonie et de l'action toxique qu'exerce sur ces éléments la matière colorante que l'on emploie, dans les préparations, à un plus ou moins haut degré de concentration.

Les colonies liquéfiantes, où les éléments nagent pour ainsi dire dans l'ilot auquel ils ont donné naissance, renferment sous le même volume beaucoup moins de germes que les colonies sèches. Examinés au microscope, les microbes qui appartiennent aux colonies fluidifiant la gélatine se montrent généralement d'une mobilité excessive, tandis que les autres sont presque toujours immobiles. Chez les bacilles, le mouvement est oscillatoire autour d'un axe vertical passant par le milieu de l'élément.

Quant aux propriétés liquéfiantes des colonies, elles ne peuvent avoir de valeur qu'autant qu'on emploie pour les ensemencements un milieu solide identique, et que le développement de la culture a lieu à une température invariable. Dans l'observation, il faut tenir compte de la position qu'occupe la colonie dans la gélatine, car si elle est en surface la liquéfaction se produit beaucoup plus rapidement que lorsqu'elle est située en profondeur.

Selon nous, les meilleurs caractères, pour servir à la détermination du micro-organisme, doivent être tirés de sa mensuration pratiquée à un âge déterminé de la colonie et de l'aspect de ses cultures sur milieux solides. Comme les réactifs chimiques sont généralement impuissants à le qualifier, on devra multiplier autant que possible les terrains de culture afin d'obtenir sur ces derniers des caractères de fluidification qui, joints à ceux de la coloration de la culture ou du milieu sous-jacent, donneront des résultats comparatifs, à la condition que chacun de ces terrains présente une composition invariable et que le développement se fasse à une température parfaitement déterminée et constante.

Les propriétés chimiques, fermentation, oxydation, réduction, sulfuration, lorsqu'elles seront connues, aideront certainement à les différencier, quoique ces caractères puissent être communs à plusieurs éléments.

Les inoculations aux animaux permettent, dans la plupart des cas, de distinguer les espèces pathogènes de celles dont l'inocuité est complète, mais à ce sujet doit-on faire encore de sages réserves? Ces expériences, en effet, peuvent être négatives avec une culture ancienne où le micro-organisme perd avec l'âge une partie de sa virulence.

Si la sporulation du microbe est commencée, il a besoin pour se multiplier de passer dans un nouveau milieu propre à sa vitalité, et rien ne nous dit que des sujets sains, bien nourris, comme ceux que nous avons choisis, ne présentent pas une résistance efficace à des agents vieillis qui demandent, pour féconder et se multiplier, d'être entourés de circonstances spéciales dont l'ensemble forme précisément le cas de réceptivité du sujet.

La détermination des espèces, non seulement au point de vue morphologique, mais encore au point de vue saprophyte ou infectieux, offre donc les plus grandes difficultés, et, tant qu'on n'aura pas trouvé les conditions que doit remplir le milieu pour les recevoir, le doute régnera sur leurs fonctions.

Un travail d'ensemble, comme celui que nous avons entrepris, est forcément incomplet dans ses détails, et les lacunes qu'il renferme ne peuvent être comblées qu'avec les progrès de la microbiologie.

Nous avons cherché non pas à déterminer l'espèce, mais à la rapprocher d'espèces connues. Les renseignements malheureusement manquent sur la plupart des microbes, et, de leur biographie réduite, on ne peut retenir que des caractères vagues qui rendent tout essai sérieux de détermination impossible à faire.

ORIGINE DES MICROBES A LA SOURCE. — ENSEMENCEMENT DES VASQUES PAR L'AIR

Le tableau comparatif des genres d'éléments trouvés dans les ensemencements successifs des eaux minérales du bassin de Vichy va nous fournir, au point de vue de l'origine des microbes à la source, plusieurs conclusions.

Comme on a pu le voir dans l'étude des germes à la vasque ou au robinet des sources chaudes, tièdes et froides, nous avons fait pour six d'entre elles deux ensemencements à 15 jours d'intervalle.

Le tableau ci-dessous résume pour chacun de ces ensemencements le nombre de colonies d'aspect différent que nous y avons rencontrées.

Ces colonies sont divisées dans deux colonnes, en liquéfiantes et non liquéfiantes, d'après leur action fluidifiante sur la gélatine peptonisée ayant servi à l'ensemencement de l'eau minérale.

Les dernières colonnes se rapportent à la nature des germes reconnus dans les colonies examinées après 60 heures d'ensemencement.

Nous avons divisé les micro-organismes, d'après leurs caractères morphologiques, en *bacilles, microcoques, diplocoques*, cette dernière dénomination étant, comme nous l'avons dit, réservée uniquement aux éléments sphériques soudés avec compression.

TABLEAU

Résumant les genres de colonies et de Microbes obtenus dans les ensemencements des Eaux minérales du Bassin de Vichy

Dates de l'ensemencement 1892	SOURCES	COLONIES d'aspects divers	COLONIES		GENRE DE MICROBES					
			Liqué-fiantes	Non Liquéf.	Bacil es		Microco-ques		Diploco-ques	
					Liq.	Non liq.	Liq.	Non liq.	Liq.	Non liq.
5 Août	Grande-Grille	4	2	2	0	0	1	2	1	0
20 Août	à la Vasque	8	5	3	2	2	2	1	1	0
3 Août	Hôpital	5	2	3	2	0	0	2	0	1
20 Août	à la Vasque	8	3	5	0	1	3	2	0	2
12 Août	Lardy	4	3	1	0	0	0	0	3	1
27 Août	Robinet de la Buvette	4	2	2	0	0	1	1	1	1
13 Août	Mesdames	7	2	5	2	0	0	4	0	1
28 Août	à la Vasque	10	2	8	0	1	2	7	0	0
6 Août	Anciens Célestins N· 2	4	2	2	1	2	0	0	1	0
21 Août	Robinet de la Buvette	13	5	8	5	4	0	3	0	1
13 Août	St-Yorre	5	0	5	0	0	0	1	0	4
28 Août	Source Mallat	4	1	3	0	0	0	1	1	2
Totaux		76	29	47	12	10	9	24	8	13

Si nous considérons d'abord le nombre de colonies d'aspect différent, et pouvant, par suite, se rapporter à des espèces distinctes, que l'on rencontre dans les eaux minérales à la vasque ou au robinet, on voit que ce nombre est essentiellement variable d'un jour à l'autre pour une eau de même origine, mais qu'il est toujours plus élevé dans les sources où l'émergence se produit dans une vasque que dans celles où l'arrivée à l'air libre a lieu par des robinets.

Ces différences, que l'expérience établit, s'expliquent facilement par l'étendue plus ou moins considérable des surfaces d'absorption que les vasques présentent à tous les germes des poussières et de l'atmosphère. Les variétés de micro-organismes que les eaux renferment doivent être en raison directe, non seulement de la surface des réservoirs, mais encore de l'état microbien de l'air qui les enveloppe.

Si la source de l'Hôpital, dont la vasque est quatre fois plus grande en surface que celle de la Grande-Grille, contient sensiblement le même nombre d'espèces microbiennes que cette dernière, cela tient aux conditions différentes d'atmosphère dans lesquelles elle est placée. En effet, tandis que l'Hôpital jaillit dans un endroit élevé et isolé où l'air est relativement pur, et que les poussières soulevées par le vent atteignent difficilement, grâce à l'épais rideau de verdure qui protège les abords de la buvette, la Grande-Grille, au contraire, émerge à la surface du sol d'une galerie ouverte où viennent s'engouffrer les vents chargés de la poussière des rues très commerçantes qui l'entourent de tous côtés. Il n'est pas douteux que si l'Hôpital, avec sa vasque énorme, était dans les conditions de la Grande-Grille, le nombre d'espèces restant le même, le chiffre total des colonies serait quatre fois plus grand.

La comparaison de Mesdames avec la Grande-Grille est intéressante à faire pour se rendre compte de l'influence du débit des sources sur le nombre d'espèces microbiennes qu'elles peuvent contenir.

Les deux vasques où elles jaillissent sont, en effet, placées symétriquement aux deux extrémités de la galerie des sources et par suite exposées à la même atmosphère, seulement la vasque de Mesdames est à 1 mètre au-dessus du sol de la galerie, de plus, son diamètre intérieur est quatre fois plus petit que celui de la Grande-Grille, autrement dit sa surface d'absorption est seize fois moins grande. Pourquoi le nombre d'espèces est-il donc plus considérable encore qu'à la vasque de la Grande-Grille? L'explication réside précisément dans le débit par trop insuffisant de Mesdames, dont l'effet est de mettre à nu, aux heures de distribution, la surface intérieure de la vasque à laquelle finissent par adhérer des poussières que le faible courant d'eau minérale est impuissant à détacher des parois du réservoir.

L'eau de Lardy, une des plus pures de toutes les eaux minérales du bassin de Vichy, offre une composition microbienne constante aussi bien au point de vue du nombre que de la qualité des espèces. Son isolement au milieu d'un vaste jardin, et surtout son mode de jaillissement par des robinets, la mettent à l'abri de toute contamination par les poussières ; le faible ensemencement dont elle est l'objet ne se produit qu'au moment de son prélèvement qu'on ne peut opérer qu'à l'air libre.

Aux Célestins, dont l'émergence se fait par des robinets, dans une buvette absolument abritée, la variété des espèces a une toute autre origine que l'air et les poussières atmosphériques. On en trouvera l'explication dans les considérations au sujet des colonies- liquéfiantes ainsi que des germes qui leur correspondent.

Les eaux de Saint-Yorre, récemment captées et jaillissant sous des pavillons vitrés au milieu de vastes terrains plantés d'arbres, ne subissent que l'ensemencement de l'air dont la pureté est naturellement plus grande que dans l'intérieur de Vichy.

Des observations qui précèdent, il résulte que la vasque telle qu'elle est établie aujourd'hui est, pour des eaux minérales bien captées comme la Grande-Grille, l'Hôpital et Mesdames, la cause principale de leur ensemencement par les microbes de l'air et des poussières.

La réforme qui s'impose pour les consommer à un état de pureté absolue est, ou la suppression de la vasque, ou une protection efficace qui mette ce réservoir au moins à l'abri des poussières.

Si l'on veut conserver aux buveurs qui se pressent chaque année autour de ces sources, la vue du bouillonnement de l'eau dans sa vasque, on peut, sans rien sacrifier aux exigences de l'art, apporter quelques perfectionnements au système actuellement en usage. Pourquoi ne disposerait-on pas autour de la vasque, recouverte d'une cloche de verre, des robinets dont l'écoulement serait réglé sur le débit de la source ? On empêcherait, de cette façon, la chute des poussières dans la vasque et le contact direct de l'eau minérale avec l'air.

Ces desiderata que nous avons déjà exprimés l'an dernier seraient, il nous semble, des plus faciles à satisfaire. Le public n'y perdrait rien et l'eau minérale y gagnerait en pureté.

La cloche à installer devrait, bien entendu, être munie à sa partie supérieure d'un tuyau de dégagement pour l'acide carbonique ; ce tuyau serait convenablement recourbé et muni d'un tampon d'ouate stérilisée (souvent renouvelé) ; l'isolement de l'air et des poussières serait ainsi complet, mais il nous semble difficile, surtout aux sources thermales, d'empêcher l'intérieur de la cloche de se recouvrir rapidement d'un dépôt qui lui enlèverait toute transparence.

La stérilisation fréquente des robinets, à la vapeur ou à l'eau bouillante, serait le complément nécessaire de ces améliorations.

DE LA NATURE DES COLONIES OBSERVÉES DANS LES EAUX MINÉRALES A L'EMERGENCE. — AIR ET INFILTRATIONS

Les qualités fluidifiantes des colonies obtenues par ensemencement immédiat, dans la gélatine peptonisée, de l'eau minérale prélevée à la vasque ou au robinet, paraissent être en rapport avec la pureté microbienne de l'eau à la source, quoique, au point de vue des propriétés saprophytes ou infectieuses des germes qui les composent, ces caractères soient des plus secondaires.

Des 76 colonies examinées dans les divers ensemencements des eaux minérales à la source :

29 sont liquéfiantes.

47 ne le sont pas.

Parmi les colonies liquéfiantes, les unes fluidifient rapidement la gélatine, c'est-à-dire après 36 heures seulement d'ensemencement, d'autres, au contraire, ne la liquéfient que lentement, c'est-à-dire vers le 4e ou 5e jour. Nous avons pu voir, que généralement les premières sont composées de bacilles, et les secondes de microcoques et de diplocoques.

Dans les 29 colonies liquéfiantes nous avons reconnu :

12 bacilles, soit: 41,4 % des germes liquéfiants.

9 microcoques, soit: 31 %   id.

8 diplocoques, soit: 27,6 %   id.

Les 47 colonies non liquéfiantes, après 5 jours de culture et à une température constante de 20 à 22°, comprennent :

10 bacilles, soit : 21,3 % des germes non liquéfiants.

24 microcoques, soit : 51,1 % id.

13 diplocoques, soit : 27,6 % id.

Enfin si on considère les caractères fluidifiants de chacun de ces éléments isolés, on trouve que :

54,5 % des bacilles liquéfient la gélatine.

27,3 % des microcoques id.

38,1 % des diplocoques id.

Or, dans le prélèvement des eaux minérales à la vasque ou aux robinets des sources, il est impossible, en prenant toutes les précautions usitées pour cette opération, d'éviter le contact de l'air, et les microcoques et diplocoques, comme on a pu le voir dans les eaux pures de Lardy, Mesdames, Saint-Yorre, sont les éléments prédominants des ensemencements.

A la Grande-Grille et à l'Hôpital, au contraire, il arrive que l'élément bacillaire est tantôt en nombre égal, tantôt supérieur à celui du microcoque. Ne doit-on pas en conclure que l'élément bacillaire demande, pour être reconnu dans les eaux à l'émergence, une certaine période d'incubation, soit dans l'eau de la vasque elle-même, soit dans une eau voisine de ce réservoir, telle que celle du trop plein. Ce qui semblerait donner quelque crédit à cette hypothèse est l'expérience suivante : Si l'on expose des godets renfermant de la gélatine semi-liquide au contact de l'air de la galerie des sources, on obtient les mêmes colonies que celles de l'eau de la Grande-Grille à la vasque, mais les colonies qui se développent les premières et souvent après un temps assez long sont formées de microcoques, tandis que les colonies bacillaires ne se montrent qu'après. Dans l'eau ensemencée, au contraire, s'il existe des bacilles liquéfiant la gélatine, on aperçoit leurs colonies après moins de 48 heures de culture.

L'explication de la présence des colonies liquéfiantes à bacilles dans les vasques de la Grande-Grille et de l'Hôpital serait donc la contamination journalière de l'eau de la vasque par celle du trop plein pendant les manipulations de la puisée.

A Mesdames, leur présence serait due surtout à l'état permanent de vacuité de la vasque dans laquelle le courant ascensionnel de la source est insuffisant pour rejeter par dessus les bords de ce réservoir les germes de l'air qui s'attachent à ses parois internes. La donneuse d'eau, exceptionnellement, évitant de plonger le verre dans l'eau de la vasque comme cela se pratique aux autres sources, l'eau du trop plein ne peut être que faiblement incriminée dans cet ensemencement.

Aux Célestins, la présence constante des colonies liquéfiantes à bacilles ne peut s'expliquer que par une infiltration continue de l'eau de l'Allier ou du sous-sol.

Dans le premier ensemencement dont cette source a été l'objet, nous avons reconnu 4 espèces de colonies, deux liquéfiant la gélatine formées de bacilles et de diplocoques, deux ne la liquéfiant pas composées uniquement de bacilles.

Dans le deuxième ensemencement, nous avons trouvé 13 colonies d'aspects divers, dont 5 liquéfiant la gélatine se rapportent toutes à des bacilles, et 8 ne la liquéfiant pas composées de 4 bacilles, 3 microcoques et 1 diplocoque.

Aucune eau minérale de Vichy, à la vasque ou au robinet, n'a fourni un nombre aussi élevé de colonies bacillaires liquéfiant la gélatine. Il faut donc, en appliquant nos hypothèses, que ces bacilles aient eu le temps voulu pour se développer avant l'ensemencement de l'eau minérale ; comme l'émergence de la source se fait par des robinets et qu'il n'y a, par suite, aucun contact direct de l'eau avec l'air extérieur, où ces germes pourraient se trouver, on est forcé d'admettre la pollution de la nappe ou du griffon de la source par une eau étrangère renfermant ces mêmes germes.

Etant donné la protection incomplète dont les griffons des Célestins sont l'objet, et la perméabilité des roches au milieu desquelles les eaux se frayent un passage avant d'être captées, la raison indiscutable de leur impureté microbienne est celle de leur infiltration par des eaux douces où les bacilles de l'air ou du sol sont à l'état voulu de désagrégation pour proliférer immédiatement dans l'eau alcaline qu'ils viennent à rencontrer.

Du reste, le 23 février 1893, plusieurs personnes ont pu constater, comme nous-même, l'infiltration par les eaux de l'Allier du sous-sol des Célestins mis à découvert par des travaux d'amélioration de l'embouteillage de ces sources. Ce jour-là, les eaux de l'Allier étaient, au pont de Vichy, à 1 m. 18 au-dessus de l'étiage normal.

Les eaux douces de l'Allier, des puits, et les eaux minérales du trop plein des sources, renferment, nous l'avons reconnu, de nombreuses colonies bacillaires, liquéfiant la gélatine, que l'on ne rencontre qu'accidentellement au robinet des sources pures ; ceci nous autorise à dire que toutes les fois que dans une eau jaillissant dans une vasque on trouvera, en nombre suffisant, des colonies liquéfiantes à bacilles, celles-ci proviendront en général du trop plein de la source, tandis que leur constatation, au robinet d'une source dépourvue de vasque, prouvera d'une façon certaine la contamination de l'eau minérale, à sa nappe ou à son griffon, par l'eau du sous-sol ou l'eau douce avoisinante.

VARIÉTÉ DES GERMES. — ASEPSIE DES EAUX MINÉRALES A LEUR GRIFFON

Si nous considérons le dernier point relatif à la nature morphologique des germes que l'on rencontre dans une eau de même origine à des jours et à des heures différents, on voit que comme nombre et comme espèces les résultats sont essentiellement variables pour chacune des sources examinées.

La Grande-Grille, par exemple, dans le premier ensemencement renfermait 3 micrococques et 1 diplocoque, sans aucun élément bacillaire. Le prélèvement de l'eau minérale dans la vasque avait été fait, il est vrai, le matin avant 7 heures, c'est-à-dire à une heure où l'affluence des buveurs autour de la source est encore peu considérable, et où, par suite, l'eau de la vasque se renouvelle incessamment sans donner le temps aux germes de l'air, qui viennent y tomber, de s'y fixer.

Pour le deuxième ensemencement, le prélèvement avait été opéré à 11 heures du matin ; à ce moment encore, la distribution d'eau minérale est ralentie, mais toute la matinée, de 7 heures à 11 heures, le remplissage des verres n'a pas cessé ; pendant ces quatre heures, où le services des donneuses d'eau a fonctionné sans interruption, la contamination de la source par l'eau du trop plein est continue ; de plus, la vasque se vidant peu à peu sous l'action des puisées, une partie de ses bords internes se trouve à nu, et les germes des poussières, augmentant avec le mouvement des buveurs, s'y déposent sans aucune crainte de déplacement. L'eau minérale remplissant la vasque à 11 heures, entraîne par dessus les bords une partie de ces germes, tandis que d'autres plus ou moins attachés aux parois du réservoir se désagrègent lentement et ne disparaissent qu'après un temps plus ou moins long d'afflux d'eau minérale.

A l'Hôpital, la capacité de la vasque fait que l'on observe des différences moins accusées qu'à la Grande-Grille, aussi bien dans le nombre que dans le genre des microbes qu'on y rencontre. Aussi le tableau donne, pour les deux ensemencements, des résultats sensiblement concordants.

Une preuve qui vient s'ajouter à celles que nous avons déjà fournies relativement à l'ensemencement des vasques par l'air nous est fournie par l'examen simultané des eaux de l'Hôpital et de la Grande-Grille prélevées le même jour et à la même heure. Nous avons constaté dans cette expérience que ces deux sources contenaient des éléments communs qu'on ne retrouvait quelques jours après dans aucune d'elles. On ne peut expliquer cette similitude de composition microbienne des deux sources distantes l'une de l'autre de 500 mètres que par l'état microbien de l'air atmosphérique.

A Lardy, où nous n'avons jamais rencontré que des microcoques et des diplocoques, l'air seul intervient pour ensemencer l'eau au moment de son prélèvement.

A Mesdames, les raisons que nous avons données dans le chapitre précédent, pour expliquer la variété des colonies, s'appliquent à celle des germes qui leur correspondent. Il est à noter que leur nature change aussi beaucoup d'un jour à l'autre ; tandis que le premier ensemencement donne 2 bacilles sur 7 germes, le deuxième n'en donne que 1 sur 10, soit quatre fois moins environ.

Aux Célestins, on observe au contraire dans la nature des micro-organismes une constante similitude.

Si l'on fait, en effet, la proportion des éléments bacillaires sur le nombre de germes obtenus, on trouve que dans les deux ensemencements il y a 75 et 69 % de bacilles. Or, ces bacilles, nous l'avons reconnu pour Lardy dont l'émergence se fait par des robinets, comme aux Célestins, n'existent jamais dans les ensemencements des eaux minérales pures. Leur présence aux Célestins est donc un fait irrécusable de leur infiltration par l'eau de la rivière ou du sous-sol.

A Saint-Yorre, comme à Lardy, l'air seul intervient pour ensemencer l'eau pendant la prise d'essai.

Que faut-il conclure de la variété des germes que l'on observe d'un jour à l'autre au point d'émergence des sources minérales pures, c'est-à-dire sortant bien captées des profondeurs du sol, sinon qu'elles ne renferment pas de microbes d'origine.

L'eau minérale doit donc être amicrobique à sa nappe naturelle.

Si les sources jaillissantes contenaient des microbes d'origine, on devrait constamment les retrouver dans les ensemencements successifs pratiqués avec l'eau minérale prise à la vasque ou au robinet. Or, à part les Célestins, aucune des sources étudiées n'a présenté ce phénomène.

Nous en concluons que les microbes que l'on rencontre dans les eaux minérales pures proviennent uniquement de l'air dont on ne peut éviter le contact au moment du prélèvement au robinet des sources pures, de l'air et des poussières atmosphériques qui tombent dans l'eau des sources à vasques, soit directement, soit après avoir passé par le trop plein où le fait seul de leur désagrégation réveille la vitalité de leurs germes avant leur introduction dans ces réservoirs pendant les manipulations de la puisée.

L'origine géologique des eaux thermales de Vichy nous obligeait, à priori, à regarder les sources thermales comme amicrobiques à leur griffon ; la démonstration expérimentale manquait pour l'établir. M. le professeur G. Pouchet qui a pu pénétrer jusqu'aux griffons des sources a reconnu leur amicrobie complète, alors que par une voie détournée nous étions arrivés aux mêmes conclusions.

Les seules eaux qui, théoriquement, pourraient renfermer des microbes à leur nappe naturelle, devraient appartenir aux sources tièdes ou froides, dont le refroidissement s'opère dans dans des couches du sol relativement peu profondes et où la contamination par l'eau du sous-sol devient possible. Mais l'expérience nous a montré que les eaux tièdes de Lardy et les eaux froides de Saint-Yorre présentent à la source une pureté presque absolue, même lorsque les griffons, comme ceux de Saint-Yorre ou d'Hauterive, avoisinent l'Allier et arrivent au moment des crues à être submergés complètement par l'eau de la rivière. Il y a là certainement une protection qui s'explique en partie par les dépôts naturels fournis par les eaux alcalines qui, en se refroidissant dans de vastes lacunes souterraines, abandonneraient une partie de leurs sels pour se constituer un réservoir clos à l'abri de toute infiltration.

Il convient d'ajouter que quand le captage bien étanche va rencontrer la nappe d'eau minérale au-dessous de couches argileuses et marneuses situées sous le lit de la rivière, la protection est encore plus complète.

PROLIFÉRATION DES GERMES DANS LES EAUX MINÉRALES EMBOUTEILLÉES

Tous les microbes observés dans les ensemencements des eaux minérales à l'émergence ne se retrouvent pas dans les eaux embouteillées, car la forte alcalinité de ce milieu doit être un obstacle au développement de beaucoup d'entre eux.

Lorsque les eaux minérales de Vichy sont recueillies dans les meilleures conditions de pureté et que l'embouteillage se fait, comme nous l'avons pratiqué, dans des récipients stérilisés, l'examen de la prolifération des germes dans les bouteilles accuse en général beaucoup plus d'éléments sphériques que d'éléments à forme allongée. Est-ce à dire que le micrococque trouve dans ce milieu des conditions de développement plus favorables que le bacille ; non, car partout où l'on a reconnu à l'émergence des éléments bacillaires, on en retrouve une partie après l'embouteillage.

A Lardy, Mesdames, Saint-Yorre, le micrococque et le diplocoque étant les éléments dominants, il est clair que la prolifération dans les bouteilles s'applique surtout à ces formes de micro-organismes.

Il ressort de l'examen du tableau de la page 68 que lorsque la prise d'échantillon peut se faire directement, sans l'intermédiaire d'une vasque, la présence exclusive des microcoques et surtout des diplocoques est la caractéristique des eaux les plus pures à l'émergence.

Aux Célestins, où les bacilles sont nombreux, cette forme reste l'élément principal de ces eaux embouteillées.

Sur 23 colonies étudiées dans les eaux embouteillées nous avons eu :

9 colonies à bacilles.

10 à microcoques.

4 à diplocoques.

Dans le groupe des colonies à bacilles, 7 sur 9 sont liquéfiantes, soit 77, 7 %.

Dans celui des colonies à microcoques 4 sur 10 seulement liquéfient la gélatine, soit 40 %.

Enfin sur les 4 colonies à diplocoques, l'une est liquéfiante, les autres ne le sont pas, soit 25 % de liquéfiantes.

Comme l'a prouvé l'examen des germes à l'émergence, il n'existe pas de microbes d'origine et, par suite, la prolifération des micro-organismes dans les bouteilles ne se rapporte jamais aux mêmes espèces, et ne dépend que de la composition microbienne de l'air au moment du prélèvement de l'eau minérale.

Etant donné que dans les eaux bouillonnant à l'air libre, tous les germes de l'air et des poussières peuvent tomber dans la vasque où elles émergent, on rencontrera évidemment dans des eaux embouteillées à des époques différentes des microbes distincts, et, comme nous l'avons constaté, tel élément qui avait paru très abondant dans une eau embouteillée un certain jour, ne se retrouvera plus dans la même eau embouteillée quelques jours après.

Il arrive pourtant que certaines espèces se rencontrent dans un certain nombre de prélèvements, mais non dans tous ; cela tient sans doute à ce que leurs éléments sont très répandus dans l'atmosphère.

Si les sources jaillissantes, dont l'émergence a lieu par un robinet, renferment plus de microcoques que de bacilles, c'est assurément parce que l'air qui peut les ensemencer contient davantage des premiers que des seconds. Nous savons, en effet, que 70 % environ des microbes de l'air sont des microcoques.

Si au contraire, les sources à vasque renferment des bacilles, c'est qu'outre l'air qui les ensemence, les poussières du sol, où la proportion de bacilles est de 90 %, viennent y tomber.

Lorsque ces éléments du sol sont entraînés par les pluies, ils viennent contaminer l'eau des rivières ou du sous-sol, et alors, si les griffons des sources ne sont pas suffisamment protégés contre ces eaux douces polluées de germes bacillaires, ils passent dans l'eau minérale et y prolifèrent suivant leurs aptitudes ; l'eau de la buvette et du robinet de l'embouteillage révèle alors leur présence. C'est le cas des eaux des Célestins qui doivent leur impureté aux infiltrations dont elles sont l'objet. Nous pensons donc que les germes que l'on trouve dans les eaux jaillissantes dont l'émergence a lieu par un robinet proviennent uniquement de l'air qui les entoure ; ceux que l'on rencontre dans les vasques sont dus en partie à l'air, en partie au sol dont les poussières tombent directement dans la vasque ou dans l'eau du trop plein, d'où la puisée les transporte dans la vasque.

DÉTERMINATION DES ESPÈCES MICROBIENNES QUE L'ON RENCONTRE DANS LES EAUX MINÉRALES DU BASSIN DE VICHY

Dans l'examen sommaire que nous avons fait des germes contenus dans les eaux minérales à l'émergence, il nous a été permis d'en reconnaître un certain nombre par les caractères de leurs colonies et la mensuration des micro-organismes qu'elles renferment.

Ainsi, à la Grande-Grille, premier ensemencement, la colonie 1, décrite sous le n° XVII de l'embouteillage, paraît être le *Micrococcus candicans*.

La colonie 2 semble être produite par le *Micrococcus concentricus*. Au cinquième jour il se forme à l'intérieur de la colonie une série de cercles concentriques.

La colonie 3 est sans doute le *Pediococcus albus*.

La colonie 4 est probablement une variété de la colonie 2 dont l'élément est en tous points semblable.

Au deuxième ensemencement :

La colonie 2 se rapproche beaucoup de celle du *Micrococcus cremoïdes*.

La colonie 3 provient sans aucun doute du *Micrococcus aurantiacus*.

La colonie 4 appartient à la *Sarcina lutea*.

La colonie 5 ressemble beaucoup à celle du *Bacillus devorans*.

La colonie 7, dont le développement exagéré forme un voile transparent à la surface de la gélatine qu'elle finit par recouvrir à la façon d'une moisissure, appartient au *Bacillus mycoïdes*.

Nous avons observé de même dans les autres sources certains points de similitude avec des micro-organismes connus.

Aux Célestins, le *Bacillus subtilis* dans la colonie 5 du deuxième ensemencement.

Le *Bacillus erythrosporus* dans la colonie 3 du premier ensemencement.

A Lardy, le *Micrococcus radiatus* dans la colonie 1 du preensemencement.

A Saint-Yorre, le *Micrococcus cinnabareus* dans la colonie 4 du premier ensemencement.

Dans le groupe des germes étudiés dans leurs cultures et trouvés dans l'eau minérale embouteillée, nous avons de même cherché à déterminer quelques uns d'entre eux.

Microbe des colonies I et II.— *Bacille couleur de chair* à cause de la culture rouge chair sur pomme de terre.

Colonie III. — *Bacillus mesentericus vulgatus* bien déterminé par la forme spéciale de sa colonie liquéfiante ciliée.

Colonie IV. — *Micrococcus flavus liquefaciens* ; plissement de la colonie liquéfiante.

Colonie V. — *Micrococcus rosettaceus?*

Colonie XVI. — *Micrococcus aquatilis ?*

Colonie XVII. — *Micrococcus candicans?*

Parmi les microbes étudiés dans leurs cultures, nous n'avons pu faire que des rapprochements avec des éléments connus sans toutefois affirmer leur complète similitude. Sans doute, les germes décrits au sujet de leur prolifération dans les bouteilles, doivent appartenir à des espèces déjà étudiées, puisque l'air et les poussières du sol sont les seuls milieux d'où ils proviennent, mais leur détermination nous eût demandé un temps beaucoup trop considérable pour le travail d'ensemble que nous voulions produire. La biographie des éléments connus jusqu'à ce jour comporte du reste des lacunes qui s'opposent au succès d'une semblable entreprise.

Les excellents ouvrages de Macé et de Gabriel Roux, que nous avons consultés dans nos essais de détermination, nous ont fourni les indications les plus utiles, mais, les eaux minérales alcalines de Vichy offrant par leur composition même un milieu essentiellement différent des eaux ordinaires, il est possible que certaines espèces peu connues encore puissent y vivre et y proliférer abondamment, alors que d'autres microbes ordinaires des eaux douces, que ces auteurs ont étudiés avec beaucoup de soin, n'y trouvent pas les conditions propres à leur existence.

Etant donné que tout élément microbien peut changer de propriétés et même de forme dans les différents milieux sur lesquels il peut se développer, il peut arriver que des espèces vulgaires vivant dans l'eau de Vichy acquièrent des caractères qui les rendent impossibles à reconnaître en les comparant à ceux qu'elles présentent dans les eaux douces. La bactériologie des eaux, comprenant la détermination des espèces, n'existera réellement que lorsque l'étude des germes et de leurs colonies aura été faite dans tous les milieux naturels où ils peuvent se développer. En les transportant alors de ces milieux naturels dans des milieux artificiels de composition invariable, exposés à une température également invariable, on obtiendra des caractères dont l'ensemble constituera la biographie toute entière du micro-organisme et qu'on devra suivre pas à pas pour sa détermination.

Outre la température et le milieu invariable, il y a aussi la question de temps qui, souvent, apporte des différences considérables dans les propriétés chimiques de l'élément.

C'est ainsi que nous avons observé maintes fois que certains microcoques donnaient, après l'ensemencement immédiat de l'eau prise à sa source, des colonies non liquéfiantes ou liquéfiant très lentement, tandis que ces mêmes germes, ayant séjourné 48 heures dans l'eau minérale embouteillée dans un récipient stérilisé, arrivaient à fournir les mêmes colonies de microcoques, mais liquéfiant rapidement la gélatine peptonisée. Il y a là certainement une transformation de propriétés chimiques des éléments microbiens ou une augmentation due à l'heureuse influence du milieu dans lequel ils évoluent et dont le résultat est de leur rendre, avec une vitalité plus grande, des propriétés plus actives.

DÉMONSTRATION EXPÉRIMENTALE DE L'INOCUITÉ DES GERMES DES EAUX MINÉRALES DE VICHY

Parmi les nombreux micro-organismes que l'on rencontre dans les eaux minérales de Vichy, nous avons choisi pour nos expériences ceux dont la prolifération dans les bouteilles a été reconnue véritable et ceux dont les colonies ont été observées plusieurs fois dans les ensemencements avec l'aspect caractéristique décrit pour chacune d'elle.

Les cultures sur gélose, qui sont toujours assez développées et n'offrent pas les caractères de fluidification qu'elles présentent sur gélatine, ont été choisies de préférence à ces dernières pour les inoculations.

Les microbes qui ont été l'objet des inoculations sont au nombre de 10 :

1º Bacille A. — Colonie II. — Culture sur gélose : 45 jours.

2º Bacille C. — Colonie VI. — Culture sur gélose : 60 jours.

3º Bacille D. — Colonie VII. — Culture sur gélose : 45 jours.

4º Diplocoque α. — Colonie IX. — Culture sur gélose : 15 jours.

5º Micrococque d. — Colonie X. — Culture sur gélose : 30 jours.

6º Micrococque g. — Colonie XIV. — Culture sur pomme de terre : 20 jours.

7º Micrococque j. — Colonie XVII. — Culture sur gélose : 15 jours.

8º Diplocoque β. — Colonie XVIII. Culture sur gélose : 15 jours.

9º Bacille F. — Colonie XIX. — Culture sur gélose : 15 jours.

10º Diplocoque γ. — Colonie XX. — Culture sur gélose : 15 jours.

Comme nous l'avons dit, dans l'exposé de nos manipulations, chacun de ces microbes a été inoculé à deux lapins différents, par voie intrapéritonéale et voie intraveineuse.

Le docteur Loillier, qui a pratiqué ces expériences avec le plus grand soin et en a surveillé attentivement les suites, n'a remarqué chez la plupart de ces animaux aucun symptôme pouvant donner lieu à une interprétation quelconque de toxicité des microbes inoculés.

Les inoculations par voie intrapéritonéale, particulièrement douloureuses pour ces animaux, ont produit chez quelques-uns d'entre eux de l'inappétence et un peu de chaleur aux oreilles, mais la fièvre a disparu peu à peu et l'appétit a repris avec la cicatrisation de la plaie qui était complète après 8 jours.

Les inoculations dans la veine apparente du bord postéro-externe de l'oreille n'ont donné lieu à aucune manifestation fébrile.

On peut en conclure que les microbes proliférant habituellement dans l'eau minérale de Vichy sont d'une inocuité parfaite et que leur injestion n'offre, par suite, aucun danger.

Ces expériences ne prouvent évidemment pas que tous ceux qui peuvent vivre et proliférer dans ce milieu soient dans les mêmes conditions. Des voix plus autorisées nous apprendront si certains bacilles infectieux, auxquels l'air et l'eau servent de véhicule et qui, par conséquent, peuvent polluer les eaux soit à l'émergence dans les vasques, soit à leur griffon dans le cas d'un captage imparfait, peuvent se développer dans l'eau de Vichy.

M. le professeur G. Pouchet, qui est venu en 1892 étudier sur place les eaux minérales de Vichy, a trouvé aux Célestins du *Bacillus pyocyaneus* dont il nous a montré dans son laboratoire les cultures caractéristiques. Ce savant, qui, croyons-nous, a dû rechercher si le *bacille d'Eberth*, ensemencé dans l'eau de Vichy pure, est susceptible de se développer, nous éclairera, sans doute, sur cette question délicate.

Le modeste avis que nous formulons comme conclusion à cet article sera le suivant :

Dans le doute où l'on est de ne pouvoir affirmer l'inocuité complète de tous les germes qui peuvent vivre et proliférer dans les eaux minérales de Vichy, nous pensons que ces eaux, si propres au développement des espèces les plus variées, doivent être embouteillées dans l'atmosphère la plus pure possible et dans des récipients dont la propreté soit irréprochable.

Toute eau minérale, infiltrée à son griffon par les eaux de rivière, des puits ou du sous-sol, doit être considérée comme suspecte à cause du danger permanent qui peut résulter de la présence possible de germes infectieux dans sa composition microbienne.

DES MATIÈRES ORGANIQUES ET ORGANISÉES DES EAUX MINÉRALES DU BASSIN DE VICHY

Il nous a paru à propos de résumer ici les travaux antérieurs ayant trait aux matières organiques ou organisées des eaux de Vichy.

L'étude de la matière organique azotée soluble nous intéresse, car cette substance sert à la nourriture et à la prolifération des microbes ensemencés par l'air ou amenés par les infiltrations.

Les recherches bactériologiques font naturellement suite aux études déjà anciennes sur la matière organisée des eaux, on sait en eff t aujourd'hui que les conferves des eaux minérales, leurs diatomées et leurs microbes sont des organismes du règne végétal appartenant à la même famille, celle des algues.

L'étude de ces matières a été faite, en différentes stations thermales, par de nombreux savants et d'illustres chimistes, tels que : Sir Meighan (1742) ; Théophi'e Bordeu (1746) ; de Secondat (1747) ; Bayen (1765) ; Gimbernat ; Vauquelin ; Chaptal (1807) ; Anglada (1827) ; Longchamp ; Fontan (1838) ; Turpin ; Armand Séguier (1836) ; Lambron ; Cazin ; Filhol (1853) ; de Laurès et Becquerel (1854) ; Bineau ; Aubergier ; Montagne ; Aulagnier (1857) ; Léon Soubeiran (1858) ; P. Morin ; Leconte ; Bouis ; Béchamp et Saint-Pierre (1861).

Notre intention n'est point, nous l'avons dit, de faire une étude générale, mais bien de grouper ce qui a été fait sur les eaux minérales de Vichy en suivant, autant que possible, l'ordre chronologique de ces travaux.

En 1753 de Lassone (1) examine les eaux de Vichy et y annonce la présence d'une « matière bitumeuse » niée plus tard par Longchamp.

Vauquelin a remarqué, l'un des premiers, que les eaux thermales renferment une matière végéto-animale, c'est-à-dire donnant de l'ammoniaque à la distillation ; l'examen qu'il fit de la matière organique des eaux de Vichy (2) ne lui donna que des résultats incomplets, car, cette étude n'ayant pas été faite sur les lieux, il n'eut à sa disposition qu'une matière récoltée depuis plusieurs semaines et notablement altérée. Cette matière lui fut remise par d'Arcet qui l'avait recueillie lui-même à la fontaine de l'Hôpital et renfermée dans une bouteille en verre avec une certaine quantité d'eau minérale. La partie liquide offrait une couleur verte par réfraction et rouge pourpre par réflexion, phénomène qui ne se produit qu'après une certaine fermenta-

---

(1) de LASSONE. — Observations physiques sur les eaux thermales de Vichy, 1753, page 106 (*Mém. de l'Acad. royale des Sciences*).

(2) *Annales de Chimie et de Physique*. t. XVIII, 2ᵉ série, page 98. 1825.

tion de la matière. Elle se composerait de 3 variétés de substances dont une bleue et une jaune. Cette matière lui parut très azotée et il la considéra comme une *matière animale* mélangée avec de l'alumine, de l'oxyde de fer et surtout du carbonate de chaux. Il trouve que la matière dont elle se rapproche le plus est l'albumine.

« Par sa couleur elle a de l'analogie avec certaines substances végétales, et par sa nature elle ressemble entièrement aux matières animales. »

Ses recherches firent l'objet d'un mémoire qu'il lut à l'Académie des sciences le 22 novembre 1824.

Citons une réflexion de Vauquelin, à propos de la matière organique : « On conviendra sans doute que des eaux minérales qui contiennent de pareilles substances ne sont pas faciles à imiter, et quand on entend dire qu'en ce genre l'art est l'émule parfait de la nature, on est tenté de rire de pitié. »

Dans un travail très complet (1), fait par ordre du Gouvernement, M. Longchamp parle d'une matière végéto-animale se développant vingt ou vingt-quatre heures après que l'eau est exposée au contact de l'air, cette matière verte, semblable dans toutes les eaux thermales, se montre sous forme de conferve ayant pour support le sous-carbonate de chaux que l'acide carbonique a laissé libre en se dégageant, il en conclut que cette matière végétale « n'était pas développée dans le sein de la terre, mais qu'elle était dissoute dans l'eau, et que ce n'est que par l'action de l'air, et aussi parce qu'elle a trouvé dans l'eau du sous-carbonate de chaux qui, lui servant de support, a pu réunir ses parties, qu'elle se montre enfin sous la forme de conferve. »

Le même chimiste avait signalé en 1821, dans les eaux minérales des Pyrénées, une matière qu'il désigne sous le nom de Barégine ; vu ses caractères chimiques, il la considère comme une matière animale particulière et admet son existence dans toutes les eaux thermales ; suivant lui « la substance verte que présentent celles de ces eaux dont les bassins vastes sont ouverts et laissent un libre accès à l'air et à la lumière, n'est que de la barégine altérée ». Il considère cette substance « comme

(1) M. Longchamp. — *Analyse des eaux minérales et thermales de Vichy.* — Paris, Crochard. *in-8°. 1825.*

étant végétale par son organisation, et animale dans sa constitution originaire » et conclut que la dénomination de substance végéto-animale lui convient parfaitement bien.

Il résulte de ses essais que « 100 parties de matière végéto-animale privée d'humidité et débarrassée de la chaux, de la magnésie, de la silice et de l'oxyde de fer, produiraient à la distillation 10, 13 de sous-carbonate d'ammoniaque, et laisseraient 26,18 de charbon pur. »

En 1852, dans un mémoire inédit sur les eaux de Vichy, Baudrimont parle des être organisés qui prennent naissance dans ces eaux, de l'altération qu'éprouvent ces dernières au contact de l'air, de la lumière et sous des influences accidentelles.

M. J.-P. Bouquet (1), dans un mémoire lu à l'Académie des Sciences, à la séance du 14 août 1854, parle d'une « matière organique existant à l'état de dissolution dans chacune de ces eaux, et se manifestant constamment dans les résidus de leur évaporation, auxquels elle communique une couleur grise, laquelle disparaît par une calcination prolongée au contact de l'air. Cette substance, étudiée dans une concrétion aragonitique formée par l'eau du puits Carré, se comporte comme une matière bitumineuse ; et, en conséquence, je la désignerai par ce nom. Je n'ai pas cru devoir me préoccuper des métamorphose qu'elle éprouve au contact de l'air et de la lumière ; elle se transforme alors en un ou plusieurs corps organisés, et, sous ce nouvel état, son étude rentre essentiellement dans les attributions des naturalistes. »

Pour isoler cette matière organique, la concrétion aragonitique récente du Puits Carré fut brisée en gros fragments, introduite dans un matras avec 3 litres d'eau distillée puis attaquée à froid par de l'acide chlorhydrique très étendu ajouté peu à peu, l'action très lente dura huit jours ; l'argile insoluble fut recueillie sur un filtre, lavée à l'eau froide, puis séchée à l'air libre. Cette argile porphyrisée, successivement traitée par l'éther sulfurique rectifié d'abord, puis avec l'alcool à 40°, céda à ces dissolvants un produit physiquement identique ; ces solutions

(1) J.-P. Bouquet. — *Etude chimique des Eaux minérales et thermales de Vichy.* Cusset, Vaisse, Châteldon, Brugheas et Seuillet, 1854.

J.-P. Bouquet. — *Histoire chimique des Eaux minérales et thermales de Vichy,* Cusset, Vaisse, Hauterive et Saint-Yorre.* V. Masson, Paris, 1855.

évaporées à siccité laissent un résidu brun, gluant, ne se desséchant pas à une température prolongée de 100°; l'odeur de ce produit a une grande analogie avec celle du bitume.

La recherche des acides crénique et apocrénique dans l'argile épuisée par l'éther et l'alcool a donné des résultats négatifs.

On doit au docteur Ch. Petit une remarquable étude (1) dont nous extrayons les principales idées et conclusions.

La matière végétative verte des eaux de Vichy se forme d'autant mieux que l'action directe de l'air et des rayons solaires peut se produire, l'élévation de la température de l'eau favorise aussi son développement, tandis que le petit diamètre du bassin et le fort débit de la source lui sont contraires.

Le naturaliste Jules Haime étudie cette matière fraîche remise par Petit et y trouve une algue du genre *Ulothrix* de Kützing lui donnant sa couleur verte, elle lui paraît intermédiaire entre l'*Ulothrix oscillarina* de Kützing, qui habite les eaux douces, et l'*Ulothrix implexa* de Kützing, qui est marine; il propose de l'appeler *Ulothrix Vichyensis*. Avec cette algue se trouve associée une diatomée voisine du *Navicula gracilis* d'Ehrenberg et du *Navicula limosa* de Kützing, qu'on pourrait appeler *Navicula Vichyensis*.

Cette navicule a 30 µ de longueur; il en donne les figures à 520 D.

Avec ce grossissement il trouve, comme dans toutes les eaux contenant des matières organiques, « ces corps problématiques, appelés *bacterium* et *vibrions*, qu'on a rangés jusqu'à ce jour parmi les animaux, en raison des mouvements dont ils sont doués, mais dans lesquels il a toujours été impossible de discerner ni ouvertures, ni globules, ni stries, ni filaments, en un mot, aucune trace de tissus ni d'organes ».

Les deux espèces des eaux de Vichy sont :

1° Le *Bacterium termo* de Dujardin ;

2° Le *Vibrio lincola* d'Othon Frédéric Müller ; ce dernier plus tardif à se montrer et dont la présence est moins générale, bien qu'il soit encore extrêmement commun.

Decaisne trouve aussi les mêmes éléments que Haime.

---

(1) Dr Ch. Petit, Médecin-Inspecteur des Eaux de Vichy.— *De la matière organique des Eaux minérales de Vichy*, 1855.

M. Montagne a aussi, paraît-il, déterminé l'*Ulothrix Vichyensis* et le *Navicula Vichyensis*.

A propos des *bacterium* et *vibrions*, Petit fait ressortir avec raison, que la nature animale de ces corpuscules est loin d'être démontrée aux yeux des naturalistes, puis il discute la provenance des germes dont le développement ne dépend que de la convenance du milieu où ils sont déposés ; l'air contient une grande quantité de corpuscules et c'est « par ce moyen que se disséminent une multitude de germes ».

Un seul germe d'Algue déposé par l'air et prenant naissance dans un bassin suffit pour que l'espèce se multiplie à l'infini.

Petit admet donc l'ensemencement par l'air directement, mais croit qu'il peut aussi venir des germes du sein de la terre.

« On ne peut douter, ajoute-t-il, que les eaux minérales ne soient alimentées par celles de la surface du globe qui, en s'infiltrant par une multitude de fissures dans les profondeurs de la terre, y acquièrent une température plus ou moins élevée et s'y saturent de divers principes minéralisateurs ».

Les germes de ces eaux devenues minérales et thermales ne peuvent-ils pas conserver la faculté de se reproduire ?

La température des sources de Vichy n'étant pas très élevée, Petit admet que ces germes peuvent conserver la faculté de végéter, il ne doute pas, néanmoins, que les germes des bassins des sources viennent surtout plutôt de l'atmosphère que du sein de la terre et constate qu'ils sont en moins grand nombre et moins développés à l'émergence.

De ces globules de matière organique latente, que le microscope seul permet d'apercevoir, pourrait bien naître la matière verte. Cette matière organique latente serait très volatile ; d'après les expériences que Petit pria M. O. Henry d'exécuter, les vapeurs des eaux entraîneraient cette matière associée à une petite quantité d'iode et très probablement aussi de brome ainsi que de l'acide carbonique, etc.

Petit admet que les variations des eaux entraînent une variation de végétation et conclut que probablement chaque eau minérale a sa vie propre et emprunte à sa matière organique des propriétés particulières.

La génération aux rayons du soleil de la matière verte par celle en solution dans l'eau lui paraît très admissible et très probable, mais non démontrée.

« Le rôle, dit-il, que joue la matière organique des eaux mi-
« nérales dans leurs applications thérapeutiques a été très peu
« étudié jusqu'à présent, aussi nous est-il à peu près inconnu ;
« cependant cette matière mériterait peut-être une plus grande
« attention de la part des praticiens et des chimistes. Dans
« l'état si parfait de dissolution où elle se trouve dans ces eaux,
« n'intervient-elle pas dans les combinaisons qui forment leurs
« éléments minéralisateurs, et chaque espèce d'eau minérale
« n'emprunte-t-elle pas à sa matière organique quelque chose
« de particulier qui ajoute à son action ou qui la modifie ? »

En 1867, M. le Professeur Baudrimont signale dans l'eau de l'Hôpital l'*Oscillaria Thermalis* ou *Vichyensis*.

Dans un remarquable mémoire sur l'origine géologique des eaux de Vichy (1), M. l'Ingénieur Auscher signale qu'il a constaté dans plusieurs eaux de Saint-Yorre des traces de matières bitumineuses ; le voisinage du carbonifère, la présence de matières bitumineuses et de naphtes constatés dans tous les terrains tertiaires de la Limagne, en expliquent l'origine.

M. Auscher a été assez aimable pour nous donner quelques renseignements complémentaires, ainsi que son avis, sur les matières organiques des eaux de Vichy.

Ses essais remontent à Juillet 1892, époque où il analysa l'eau d'une source de Saint-Yorre ; la recherche de la glairine ne donna pas de résultats précis et c'est alors que furent recherchées les matières bitumineuses par le procédé suivant dû à **M.** Auscher :

L'eau minérale soumise à l'ébullition pour dégager l'acide carbonique libre est ensuite traitée, après refroidissement, par de l'eau distillée légèrement acidulée par de l'acide chlorhydrique (1 0/0 environ), on doit agir très lentement et s'arrêter lorsqu'il n'y a plus de dégagement d'acide carbonique ; on peut faire bouillir encore et s'assurer, en ajoutant quelques gouttes d'eau acidulée, qu'il ne reste plus de carbonates, on filtre le liquide froid, on lave et on obtient une matière brunâtre ne donnant

(1) E.-S. AUSCHER. — *Origine géologique des eaux minérales naturelles du Bassin de Vichy*. Paris, J.-B. Baillière, 1893.

aucun résidu à l'incinération et présentant plusieurs caractères distinctifs des goudrons ou bitumes.

Cette matière préparée en plus grande quantité parait être un bitume riche en hydrogène. Les terrains marneux situés entre la 5e et la 6e couche (1) d'eau minérale ont une odeur de matière bitumineuse et, *géologiquement,* les eaux doivent en contenir. La couche correspondante de la Limagne d'Auvergne a été l'objet de recherches dans le but de faire jaillir des pétroles.

Les matières bitumineuses ne seraient pas les seules substances organiques contenues dans les eaux de Vichy ; M. Auscher est convaincu que, surtout dans les eaux chaudes et tièdes, il existe une autre matière organique azotée soluble analogue à la glairine ou barégine.

Dans son traité de Chimie Hydrologique, Lefort (2) considère la substance bitumineuse signalée dans les analyses comme appartenant presque exclusivement aux eaux minérales qui jaillissent des terrains volcaniques ou à proximité d'anciens volcans ; les eaux de Vichy, qui prennent naissance sur la pente du terrain volcanique de l'Auvergne, sont dans ce cas.

Pour Cazin, la matière organique soluble des eaux minérales des terrains primitifs « constitue avec l'eau un être unique doué « d'une sorte de vitalité. »

Dans différentes analyses des eaux de Vichy, la matière organique reçoit les noms suivants :

A. Chevallier. 1837. — Matière bitumineuse.

O. Henry. 1838. — Matière organique azotée et bitumineuse.

            1848. — Matière organique azotée avec conferves.

            1848. — Matière organique azotée avec terre argileuse en suspension.

            1850. — Matière organique azotée et bitumineuse.

            1850. { Matière organique azotée.
                   id.   à odeur de pétrole.

            1854. { Matière organique azotée.
                   id.   bitumineuse.

J. Lefort. — 1849. — Matière organique azotée et sulfurée.

De ce qui précède nous pouvons conclure que les eaux de Vichy doivent contenir :

---

(1) Voir Auscher, *Loc. cit.*

(2) J. Lefort. — *Traité de Chimie Hydrologique.* 2e Edition. 1873.

1º Une matière organique azotée soluble. Lefort considère que sa présence dans les eaux minérales ne peut être mise en doute.

2º Une matière bitumineuse dont la présence est constatée dans les terrains même qu'elle traverse (Auscher).

La prolifération microbienne, plus grande dans les eaux thermales que dans les eaux froides, indique que la quantité de matière organique doit être proportionnelle à la thermalité des eaux.

La théorie des germes qui en partie pourraient provenir du sein de la terre (Petit) ne peut plus être soutenue. Pasteur et Joubert ont prouvé l'amicrobie des sources provenant des eaux bien filtrées par le sol ; on sait d'ailleurs que le sol lui-même est dépourvu de bactéries à une profondeur variable mais relativement faible ; Reimers (1), dans l'une de ses expériences, a trouvé 0 germes par centimètre cube à 6 mètres de profondeur.

Nous avons dû conclure, par nos expériences, que toute eau minérale bien captée est amicrobique à son griffon. Il ne peut donc exister de germes dans l'eau que par ensemencement par l'air, les poussières ou les infiltrations qui peuvent être accidentelles ou normales.

La matière organique a-t-elle une action thérapeutique?

M. Balard attache une grande importance à la barégine dans les eaux de Barèges, mais Aulagnier émet des doutes au sujet de ses vertus thérapeutiques.

De Laurès et Becquerel ont étudié l'action, sous forme topique, des Conferves de Néris et ont trouvé que cette matière organisée est inerte par elle-même ; c'est au contact prolongé de l'eau, aux frictions, etc., qu'il faut rapporter les propriétés résolutives de ces applications.

On a pensé à employer les matières organiques extraites des eaux en pommades, pilules, etc. ; M. O. Henry fils a reproduit cette idée (2). Ces tentatives n'ont pas, croyons-nous, réussi.

On le voit, les expériences faites jusqu'à ce jour n'ont pas donné de résultats sérieux et ont d'ailleurs surtout porté sur la matière organisée des eaux.

Il paraît bien difficile de saisir à l'état de pureté la matière organique si altérable et si propre à la vitalité des micro-orga-

(1) E. MACÉ. — *Traité pratique de Bactériologie*. 2ᵉ Edition. 1892.

(2) *Ann. de la Soc. d'hydrol. de Paris*, t. VI.

nismes qui l'envahissent dès son arrivée à l'air et parfois au moyen des eaux infiltrantes qui les contiennent en quantités souvent innombrables.

Nous avons vu ce que pense Petit au sujet du rôle thérapeutique de la matière organique des eaux de Vichy ; rien, croyons-nous, n'a été fait à ce sujet depuis ce remarquable travail. Il serait intéressant que de nouvelles études élucident complètement cette question, mais, comme nous l'avons dit, la difficulté d'avoir une certaine quantité de matière pure sera un obstacle peut-être impossible à vaincre et il est peu probable que des traces aussi minimes de matière organique puissent agir très efficacement.

Les recherches qui précèdent, faites pendant l'impression de notre travail, n'ont pas été sans modifier nos idées sur l'importance thérapeutique de la matière organique et nous pensons aujourd'hui que des deux facteurs (matière organique et pureté microbienne qui marchent de pair) pouvant aider à l'action de l'eau alcaline, la matière organique ne doit pas être considérée comme ayant une action très efficace, c'est donc la pureté même de l'eau qui, jointe en bien des cas à la thermalité sur place, est une des conditions de l'action thérapeutique complète des eaux minérales alcalines.

Nous ne saurions terminer cet article bibliographique sans citer le travail de M. l'Ingénieur Voisin (1) qui nous a été si utile à consulter pour notre premier mémoire. Citons aussi tout spécialement, pour nos recherches sur la matière organique, le *Dictionnaire Général des Eaux minérales* (2) et la *Chimie Hydrologique* de Lefort.

---

(1) M. H. VOISIN, Ingénieur des Mines. — *Mémoire sur les Sources minérales de Vichy et des environs.* 1879. Dunod, Paris.

(2) M. DURAND-FARDEL, E. LE BRET, J. LEFORT et J. FRANÇOIS. — *Dictionnaire Général des Eaux minérales et d'Hydrologie Médicale.* 1860. J.-B. Baillière. Paris.

CONCLUSIONS

La nature essentiellement variable des espèces microbiennes que l'on rencontre d'un jour à l'autre dans les eaux minérales à l'émergence, écarte toute hypothèse de Microbes d'origine et fournit la preuve matérielle de l'amicrobie des sources à leur griffon.

La parfaite similitude que l'on observe dans les germes des eaux minérales de la Grande-Grille et de l'Hôpital, prélevées le même jour et à la même heure à leurs vasques respectives, démontre que l'air atmosphérique est le facteur principal de leur ensemencement.

L'examen comparatif des germes de l'eau de la Grande-Grille et de l'atmosphère de la Galerie des Sources conduit aux mêmes conclusions ; par suite, les différences numériques d'espèces microbiennes, reconnues dans une série d'ensemencements d'une eau minérale prise à sa vasque, doivent être attribuées à l'état microbien de l'atmosphère qui la baigne.

Les sources minérales pures, c'est-à-dire jaillissant naturellement et sortant bien captées des profondeur du sol, dont l'émergence a lieu par des robinets, comme Lardy, subissent surtout l'ensemencement de l'air que l'on ne peut éviter au moment du prélèvement ou de l'embouteillage. Cet ensemencement ne donne en général, à l'émergence, que des diplocoques et micrococques.

Celles dont l'arrivée à l'air libre se produit dans une vasque, comme la Grande-Grille, l'Hôpital, Mesdames, subissent, outre l'ensemencement de l'air et des poussières dont il est chargé, la contamination de l'eau du trop-plein, riche en bactéries, pendant les manipulations de la puisée.

D'heureuses modifications, tendant à supprimer cette dernière cause d'ensemencement, sont dès maintenant mises en pratique pour le lavage des verres à la Grande-Grille et à l'Hôpital. En outre, cette dernière source vient d'être recouverte d'une façon bien comprise et son bouillonnement se produit actuellement dans une petite vasque à laquelle l'ancienne vasque sert de trop-plein. Des ajutages à robinet permettent de donner l'eau du bouillon sans exposer à l'air la vasque d'émergence. L'ancien trop-plein est supprimé.

Les eaux des Célestins, où l'on retrouve les mêmes germes à chaque ensemencement, offrent un exemple d'infiltration d'une source à son griffon. La constance, le nombre et la nature même des microbes que les Célestins contiennent ne laissent aucun doute sur leur pollution par les eaux du sous-sol ou de la rivière avoisinante.

A l'émergence, dans les eaux pures, l'existence de la matière organique azotée non altérée est liée à celle de la pureté micro-bienne de l'eau.

La prolifération des germes dans les eaux embouteillées, indi-rectement liée à la température des eaux à l'émergence, doit être rapportée à la plus ou moins grande quantité de matière organi-que azotée que ces eaux renferment. La solubilité de cette matière augmentant avec la température, on comprend que la proliféra-tion des micro-organismes soit beaucoup plus grande dans les eaux chaudes que dans les eaux froides.

L'analyse chimique ayant démontré la similitude de composi-tion saline de toutes les eaux minérales du Bassin de Vichy, mais la pratique médicale reconnaissant une action plus énergi-que aux eaux chaudes qu'aux eaux tièdes et froides, on est obligé d'admettre que, toutes choses égales d'ailleurs, la thermalité sur place est une des conditions favorables à l'action thérapeutique de l'eau de Vichy ; la source de l'Hôpital, par exemple, est, en général, très bien tolérée.

Parmi les facteurs d'efficacité des eaux minérales alcalines sur place, il faut donc mettre en première ligne la pureté microbienne qui doit généralement être complétée par la thermalité pour les eaux consommées aux sources mêmes. Là serait la supériorité des eaux chaudes et même tièdes bues sur place.

La prolifération des germes se manifestant dans toutes les eaux minérales embouteillées, il s'en suit qu'aucune eau consom-mée loin des sources n'est capable de garder la pureté micro-bienne qu'elle possède à l'émergence ; par suite, la seule qualité qu'on puisse réclamer à une eau embouteillée est une pureté relative que les eaux des sources froides ou à faible thermalité sont seules susceptibles de conserver à cause de la faible quantité de matière organique soluble qu'elles renferment.

FIN

Légende de la Planche

Figure 1. — Colonie de *Cladothrix*, trouvée dans l'eau de l'Hôpital à la vasque. Grossissement de 22 D. Les éléments sont des articles dichotomes paraissant se rapporter au *Cladothrix dichotoma* de Cohn.

Figure 2. — Colonie bacillaire trouvée dans l'eau de la Grande-Grille à la vasque, décrite dans le n° II. Grossissement de 34,5 D. Bacilles de 1,7 μ à 2,6 μ de long sur 0,6 μ à 0,8 μ de large.

Figure 3. — Colonie bacillaire trouvée dans l'eau de la Grande-Grille à la vasque, décrite sous le n° I. Grossissement de 34,5 D. Cercle blanc de liquéfaction. Bacilles de 1,7 μ à 2.6 μ de long sur 0,6 μ à 0,8 μ de large.

Figure 4. — Colonie à microcoques, trouvée dans l'eau de la Grande-Grille à la vasque, décrite sous le n° X. Grossissement 22 D. Microcoques de 0,9 μ à 1,2 μ.

Figure 5. — Colonie A, très commune dans toutes les eaux minérales de Vichy à la vasque. Décrite sous le n° V. Grossissement 22 D. Microcoques de 1 μ à 1,2 μ.

— Colonie B, trouvée dans les eaux de Saint-Yorre. Grossissement de 22 D. Microcoques de 1,2 μ de D.

Figure 6. — Colonie trouvée dans l'eau de l'Hôpital à la vasque. Décrite sous le n° VIII. Grossissement 34,5 D. Microcoques de 0,6 μ à 0,9 μ.

Figure 7. — Microcoques assez communs dans les eaux minérales de Vichy. Grossissement de 320 D. Eléments sphériques ayant de 1 μ à 1,25 μ de D, décrits dans la colonie IV.

Figure 8. — Colonie trouvée dans les eaux de la Grande-Grille et de l'Hôpital. Décrite sous le n° IV, après 4 jours d'ensemencement. Cercle blanc de liquéfaction. Grossissement de 34,5 D. Microcoques de 1 μ à 1,25 μ de D.

Figure 9. — Colonie trouvée dans l'eau de l'Hôpital, décrite sous le n° XII. Grossissement de 22 D. Microcoques de 1,2 μ à 1,4 μ.

Figure 10. — Colonie trouvée dans les eaux de Saint-Yorre. Grossissement de 22 D. Microcoques de 1,2 μ de D.

Figure 11. — Colonie trouvée dans l'eau de l'Hôpital, décrite sous le n° VI. Grossissement de 22 D. Bacilles de 1,5 μ à 2,4 μ de long sur 0,4 μ à 0,5 μ de large.

Figure 12. — Colonie trouvée dans les eaux de la Grande-Grille et de l'Hôpital. Grossissement de 22 D. Microcoques de 1 μ à 1,2 μ.

Figure 13. — Colonie commune à toutes les eaux minérales de Vichy. Grossissement de 34,5 D. Diplocoques de 1,8 μ de long sur 0,6 μ à 0,8 μ de large.

MICROBES DES EAUX MINÉRALES DE VICHY

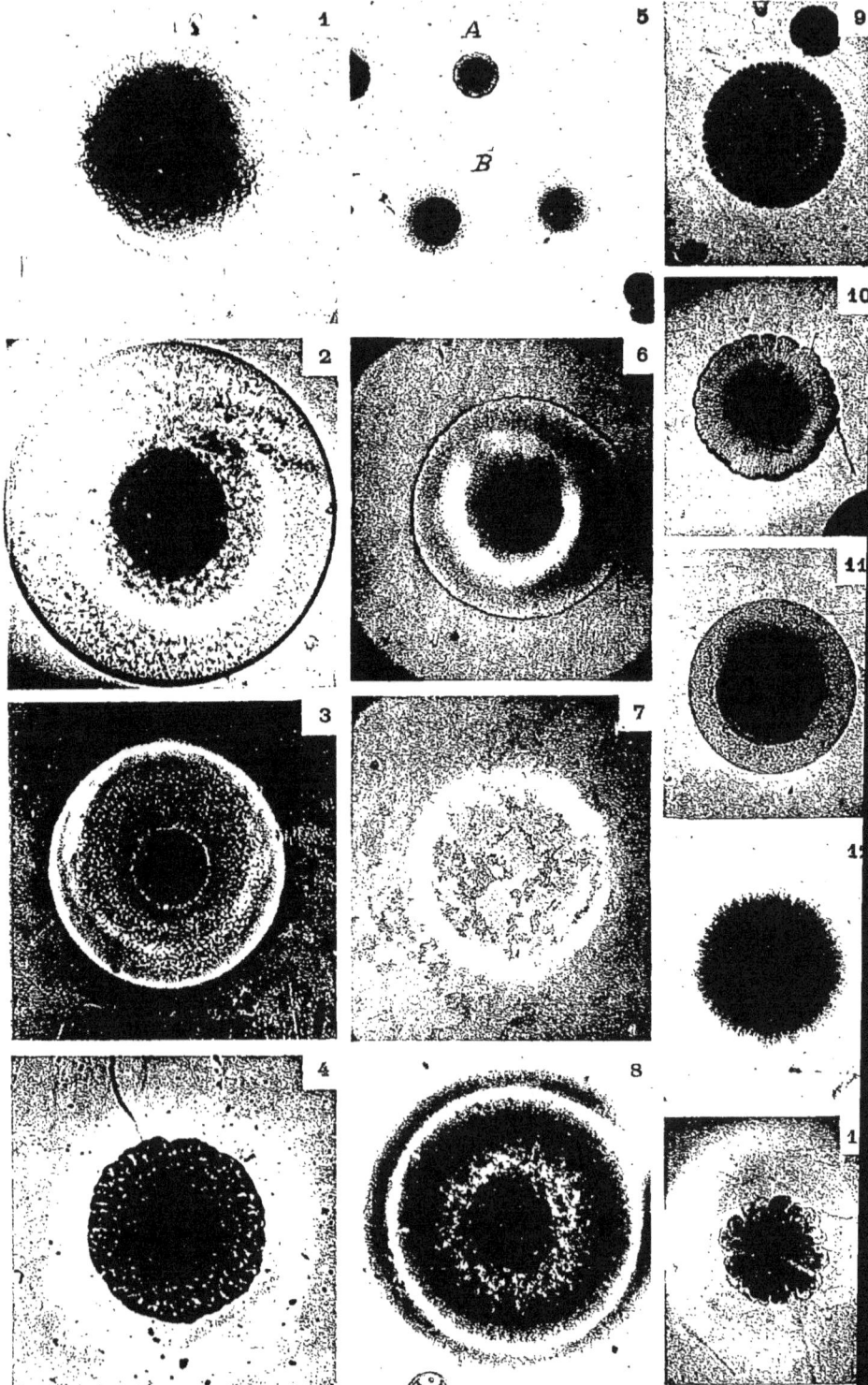

ERRATA

Page 3, ligne 15, *au lieu de :* recherchcs, *lisez :* recherches.
 — 6, — 1-2, — emboueillage, — embouteillage.
 — 18, — 8, — millimètre, — millimètres.
 — 21, — 3, — protège, — protége.
 — 22, — 29, — 1^{m}16, — 1^{mm}16.
 — 25, — 8, — lobéé, — lobée.
 — 31, — 19-20, — ciroculaire, — circulaire.
 — 34, — 38, — Diamctre, — Diamètre.
 — 37, — 29, — dn, — du.
 — 45, — 34, — ensemensements, *lisez :* ensemencements.

 — 47, — 4, — *Gelatine,* *lisez : Gélatine.*
 — 51, — 31, — glatine, — gélatine.
 — 53, — 26, — cnlture, — culture.
 — 65, — 3, — 1,2 p, — 1,2 μ.
 — 68, au tableau : — Bacil es, — Bacilles.
 — 78, ligne 35, — c'cst, — c'est.
 — 83, — 6, — injestion, — ingestion.
 — 86, — 15, — cxistant, — existant.
 — 88, — 4, — corpu cules, — corpuscules.
 — 88, — 19, — germcs, — germes.
 — 91, — 1, — considèré, — considère.
 — 92, — 18, — matière, — matière.

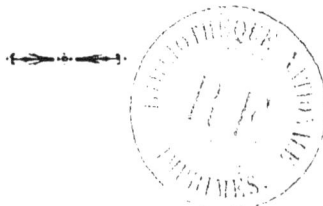

Table des Matières

Préface... V

Introduction.. 1

Considérations générales sur les microbes des eaux de Vichy.... 3

Analyse quantitative et qualitative. — Conclusions qu'on peut en tirer... 4

Technique générale.. 8

—   Examen des germes...................... 10

—   Culture................................ 11

Milieux de culture.. 11

—   Gélatine nutritive..................... 11

—   Gélose nutritive 12

—   Pommes de terre........................ 13

—   Blanc d'œuf............................ 14

Mensurations et grossissements 14

—   Mensuration................... 14

—   Grossissement de l'objectif...... 15

—   —   de l'oculaire...... 17

—   —   total............. 18

Inoculations aux Animaux 19

Microbes des eaux minérales a la vasque 21

—   Sources chaudes. — Grande-Grille............. 21

—   —   Hôpital.................... 26

—   Sources tièdes. — Lardy..................... 29

—   —   Mesdames (Buvette)......... 32

—   Sources froides. — Célestins................. 35

—   —   Eaux de Saint-Yorre........ 39

Microbes des eaux embouteillées............................. 43

—   Mensuration et cultures...... 43

—   Colonie I à colonie XXIII.   43 à   63

Considérations générales sur la morphologie des microbes des eaux minérales de Vichy.................................... 64

Origine des microbes a la source. Ensemencement des vasques par l'air 67

Tableau résumant les genres des colonies et microbes obtenus dans les ensemencements des eaux minérales du bassin de Vichy..... 68

DE LA NATURE DES COLONIES OBSERVÉES DANS LES EAUX MINÉRALES A L'ÉMERGENCE. AIR ET INFILTRATIONS...................................... 71

VARIÉTÉ DES GERMES. ASEPSIE DES EAUX MINÉRALES A LEUR GRIFFON .. 74

PROLIFÉRATION DES GERMES DANS LES EAUX MINÉRALES EMBOUTEILLÉES. 77

DÉTERMINATION DES ESPÉCES MICROBIENNES QUE L'ON RENCONTRE DANS LES EAUX MINÉRALES DU BASSIN DE VICHY........................ 79

DÉMONSTRATION EXPÉRIMENTALE DE L'INOCUITÉ DES GERMES DES EAUX MINÉRALES DE VICHY... 81

DES MATIÈRES ORGANIQUES ET ORGANISÉES DES EAUX MINÉRALES DU BASSIN DE VICHY.. 83

CONCLUSIONS.. 93

LÉGENDE DE LA PLANCHE.. 96

PLANCHE GLYPTOGRAPHIQUE reproduisant treize microphotographies de colonies et microcoques 97

ERRATA.............................. 99

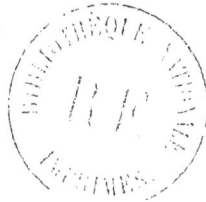